Mnqobi Ngubane

Os beneficiários da terra como criadores de caça na "nova" África do Sul

Mnqobi Ngubane

Os beneficiários da terra como criadores de caça na "nova" África do Sul

A reforma agrária em relação à conservação, ao sector da caça e à autoridade do chefe em KwaZulu-Natal

ScienciaScripts

Imprint
Any brand names and product names mentioned in this book are subject to trademark, brand or patent protection and are trademarks or registered trademarks of their respective holders. The use of brand names, product names, common names, trade names, product descriptions etc. even without a particular marking in this work is in no way to be construed to mean that such names may be regarded as unrestricted in respect of trademark and brand protection legislation and could thus be used by anyone.

Cover image: www.ingimage.com

This book is a translation from the original published under ISBN 978-3-659-44893-5.

Publisher:
Sciencia Scripts
is a trademark of
Dodo Books Indian Ocean Ltd. and OmniScriptum S.R.L publishing group

120 High Road, East Finchley, London, N2 9ED, United Kingdom
Str. Armeneasca 28/1, office 1, Chisinau MD-2012, Republic of Moldova, Europe
Printed at: see last page
ISBN: 978-620-7-70793-5

Resumo

Na África do Sul, tal como noutras partes do continente e não só, as reivindicações de terra em terrenos de conservação da natureza tornaram-se, em muitos casos, parte integrante da Conservação com Base na Comunidade (CBC) e de discursos relacionados, tais como a Gestão de Recursos Naturais com Base na Comunidade (CBNRM). Esta tese investiga as principais dinâmicas socio-espaciais e políticas envolvidas na aquisição de fazendas privadas de caça por beneficiários da reforma agrária. Esta aquisição de explorações cinegéticas privadas pelos beneficiários da reforma agrária deu origem, em muitos casos, às chamadas explorações/reservas cinegéticas comunitárias. As duas reservas de caça comunitárias aqui estudadas são a Ngome Community Game Reserve e a Nqabayamaswazi Game Farm em KwaZulu-Natal. As duas fazendas de caça comunitárias são geridas por fundos comunitários em parceria com a KZN Hunting and Conservation Association (KZNHCA), um parceiro privado que, em troca, obteve direitos de caça nas fazendas de caça comunitárias. Num contexto de gestão científica da fauna bravia, o papel da KZNHCA nas explorações de caça comunitárias baseia-se na necessidade de transferir competências 'especializadas' de gestão da fauna bravia para os beneficiários das terras. No processo, a KZNHCA procura alinhar as fazendas de caça comunitárias com o seu estatuto anterior de fazendas de caça privadas em termos de benefício económico e conservação da fauna bravia. Mas será realista esperar que as explorações de caça comunitárias retomem a sua forma antiga, de uma altura em que eram geridas como empresas familiares, casas de férias e paraísos de lazer? A tese explora os processos envolvidos na continuação da cinegética pelos beneficiários da terra e a medida em que a cinegética comunitária foi "imposta" às comunidades beneficiárias pelos seus representantes, nomeadamente: fundos fiduciários comunitários, chefes e o antigo DLA para a continuidade do uso da terra e da "produção de vida selvagem" - após a transferência da terra. O papel dos chefes na cinegética comunitária é explicado pela atenção dada ao seu papel de vanguarda na reforma agrária, que levou a um aumento das terras sob o seu controlo. As "percepções dos beneficiários da terra" em relação a este papel dos chefes levantam questões importantes de democracia no campo contra as disposições da Lei da Associação da Propriedade Comunitária (CPA) parcialmente concebida para reduzir o poder dos chefes nas terras adquiridas através da reforma agrária.

Palavras-chave: Chefes, cacaueiros comunitários, CPAs, reforma agrária, beneficiários de terras

Mnqobi M NgubaneUniversidade do Estado Livre
fevereiro de 2012

Agradecimentos

Em primeiro lugar, gostaria de transmitir a minha gratidão às comunidades Kunene e Zondi por me terem acolhido nas suas vidas, apesar de algumas delas terem mencionado explicitamente que a investigação era inútil para as suas vidas. Estou em dívida para com a minha supervisora, Shirley Brooks, pela sua inspiração e liderança intelectual: que ela continue a inspirar outros. Gostaria também de agradecer às seguintes pessoas: Frank Sokolic, pelas suas competências espaciais e técnicas; aos membros do nosso projeto de investigação sobre a agricultura cinegética SANPAD, pelas discussões intelectuais que influenciaram direta e indiretamente esta tese. Jenny Jossefson, pelo seu apoio moral, incluindo os seus comentários construtivos sobre alguns dos capítulos. Tariro Kamuti; pelas discussões interessantes. Os meus agradecimentos vão também para o grupo de investigação do Prof. Atkinson, que proporcionou a plataforma para desenvolver as ideias. Muito obrigado, Doreen. Às senhoras da divisão de Design Gráfico da UFS - o vosso trabalho é fantástico! A muitas pessoas com quem me cruzei, incluindo aquelas que conheço de infância: Bonga Mbili, pela sua hospitalidade na Cidade do Cabo durante a minha visita de duas semanas em março de 2011 - que foi muito útil para refletir sobre este estudo em retrospetiva. Agradeço também ao apoio financeiro do SANPAD e do UFS Research Cluster Programme por terem suportado as minhas despesas de investigação. Aos meus pais, em particular à minha mãe, que sempre fez sobressair o rapazinho que há em mim. Neste sentido, agradeço também aos meus irmãos pelas suas vozes suaves e calmantes ao telefone. A Malume, Vuka Ernest Sosibo, pela sua hospitalidade em Bloemfontein. Aos meus heróis e heroínas (caídos), pela sua ética de trabalho e motivação. E por último, mas não menos importante, à sabedoria divina que continuo a procurar com uma mente e um coração abertos.

Mnqobi Ngubane
Braamfischer, Soweto.

Acrónimos e abreviaturas

AFRA	Association For Rural Advancement
ANC	African National Congress
BCT	Boschhoek Community Trust
CBC	Community-Based Conservation
CBNRM	Community-Based Natural Resource Management
CLARA Act	Communal Land Rights Act of 2004
CPA	Communal Property Association
DLA	Department of Land Affairs
EKZNW	Ezemvelo KZN Wildlife
ESTA	Extention of Security of Tenure Act 62 of 1997
IFP	Inkatha Freedom Party
KZNHCA	KwaZulu-Natal Hunting and Conservation Association
LTA	Land Reform (Labour Tenant) Act 2 of 1996
NCLT	Ngome Community Land Trust
PLAAS	Institute for Poverty, Land and Agrarian Studies
SANDF	South African National Defence Force
SAPS	South African Police Services
TLGFA Act	Traditional Leadership Governance and Framework Act of 2004

Índice

Capítulo 1

Introdução

Na província de KwaZulu-Natal, tal como em outras partes do país, tem havido uma tendência crescente nas últimas duas décadas para a conversão de terras comerciais em fazendas de caça ou reservas privadas de caça - uma forma de atividade económica que pode ser descrita como 'produção de vida selvagem'. Em muitos casos, os habitantes das explorações agrícolas foram sujeitos a remoções forçadas para dar lugar a estas explorações de caça (Brooks et al. 2008; 2011; Govender, 2010; Ngubane, 2009). Por exemplo, a conversão de duas explorações de mão de obra das Midlands (Aangelegen e Olivesfontein) em reservas de caça em 1974 e 1982, respetivamente, mostra que a tendência para a conversão da agricultura convencional em agricultura cinegética, que atingiu o seu auge na década de 1990, começou na década de 1970.

De particular interesse são os casos de beneficiários de terras a quem foram concedidas explorações de caça privadas através do programa de reforma agrária pós-apartheid. A legislação aprovada a partir de 1994 permitiu que as comunidades reclamassem terras através da restituição ou as adquirissem através da redistribuição. É sobre estes grupos de beneficiários que esta tese se centra. Algumas destas comunidades reivindicaram diretamente terras em explorações de caça privadas, enquanto outras as receberam indiretamente como parte do pacote de terras alternativas (compensatórias). Este estudo comparativo baseia-se em ambos os tipos de comunidades.

O primeiro grupo estudado - a comunidade Ngome/Zondi, perto de Greytown - reivindicou diretamente as explorações de caça. O outro grupo, a comunidade AbeKunene, era uma comunidade negra proprietária de terras e foi objeto de uma remoção da "mancha negra" da zona de Wasbank, perto de Ladysmith, em 1968. Receberam uma quinta de caça como terra de compensação. Uma vez entregues aos beneficiários da terra, essas fazendas de caça tornam-se 'fazendas de caça comunitárias', e esta tese procura examinar algumas das dinâmicas envolvidas nessa transição. As duas fazendas de caça comunitárias estudadas aqui são: Kameelkop (recentemente designada Nqabayamaswazi), propriedade da comunidade de AbeKunene, e a Reserva de Caça Comunitária de Ngome, propriedade da comunidade de Ngome/Zondi. As explorações não são de grande dimensão: Kameelkop tem cerca de 4000 hectares e a Reserva de Caça Comunitária de Ngome tem aproximadamente 6000 hectares. As estimativas do número de famílias que pretendem beneficiar destas terras variam. No caso da Reserva de Caça Comunitária de Ngome, afirma-se que serão beneficiadas entre 500 e 600 famílias (inicialmente, foram identificadas 100 famílias no pedido). No caso de Kameelkop, há um número semelhante de famílias beneficiárias.

1.1 Fundamentação do estudo

É necessário efetuar investigação sobre o complexo processo de reforma agrária, uma vez que este se desenrola de muitas formas diferentes. Em muitos casos, os beneficiários da terra são frequentemente deixados a lidar com as questões quotidianas deste processo depois de a reivindicação de terra ter sido resolvida. O estudo pretende não só ser uma contribuição académica para a compreensão da dinâmica socio-espacial do processo de reforma agrária em geral, mas espera contribuir para o debate académico sobre a conservação de base comunitária (CBC) e a relação entre a reforma agrária e a conservação da biodiversidade, bem como sobre a liderança tradicional, a justiça ambiental e social e a democracia.

No que diz respeito à 'conservação baseada na comunidade' (CBC), no contexto sul-africano, a CBC tem sido frequentemente utilizada como uma ideologia de reforma agrária porque é concebida como uma abordagem baseada em direitos para a conservação da natureza, na qual os beneficiários da terra têm direito a uma parte dos benefícios - embora não necessariamente o direito de se estabelecer na terra ou de alterar o uso da terra (Ramutsindela, 2002; AFRA, 2004a; Kepe, 2008; 2010). Na maioria dos casos, as comunidades beneficiárias de explorações cinegéticas privadas decidem continuar com a atividade cinegética (ou são aconselhadas a fazê-lo por entidades externas). A motivação das comunidades beneficiárias de explorações cinegéticas para continuarem a praticar a caça necessita de uma investigação mais aprofundada. Por conseguinte, o estudo examina as relações entre as várias partes interessadas envolvidas quando as explorações de caça são transferidas para comunidades beneficiárias anteriormente despossuídas através do programa de reforma agrária.

Tanto a comunidade de Zondi como a de AbeKunene são assistidas na gestão das suas explorações de caça pela mesma entidade de caça, a Associação de Caça e Conservação de KwaZulu-Natal (KZNHCA). As comunidades beneficiárias entram nestas parcerias devido à falta de "competências de gestão da fauna bravia" por parte dos representantes da comunidade ou dos fundos fiduciários que agora têm jurisdição legal e propriedade da exploração cinegética. Para além da KZNHCA, a autoridade provincial de conservação Ezemvelo KZN Wildlife (EKZNW) está envolvida na gestão das explorações ou reservas de caça e na transferência de competências de gestão da fauna bravia.

Uma tendência semelhante foi observada noutros domínios da reforma agrária. Os novos beneficiários da terra necessitam frequentemente da assistência dos proprietários anteriores, agora reconstituídos como mentores agrícolas (Walker, 2008; Boudreax, 2010). Os críticos argumentam que, nos círculos da reforma agrária, a questão das competências agrícolas ganhou mais prestígio do que a dos direitos fundiários, especialmente nas reivindicações de terras de elevado valor (Lahiff, 2009; Walker et al., 2010).

Este estado de coisas é atribuível a uma compreensão mais ampla da reforma agrária delineada nos círculos de reforma agrária "pró-mercado" que procura transformar os beneficiários da terra em agricultores comerciais - um objetivo que muitas vezes se revelou inatingível ao longo do tempo no sector agrícola convencional (Lahiff, 2009). Nota-se uma tendência semelhante no que diz respeito aos beneficiários de terras de conservação da natureza e aos beneficiários de explorações de caça privadas, que têm sido retratados como carecendo de competências de gestão da vida selvagem e, portanto, necessitando de assistência dos proprietários anteriores e de entidades como a KZNHCA.

A questão da restituição dos direitos à terra no caso das áreas de conservação geridas pelo Estado já foi levantada anteriormente (Ramutsindela, 2002), e é levantada aqui novamente no contexto das explorações de caça privadas beneficiadas. Tais formas de 'parcerias de conservação' são amplamente consideradas como um modelo de reforma agrária bem sucedida, em linha com a redução da pobreza e o desenvolvimento rural. Esta noção precisa de ser desvendada.

O papel dos líderes tradicionais na reforma agrária também requer uma investigação mais aprofundada. O papel dos chefes em tais contextos não pode ser ignorado, dado que os chefes estão, na maioria dos casos, na vanguarda das reivindicações de terra e são frequentemente eleitos ou tornam-se presidentes de Associações de Propriedade Comunitária (APCs) democráticas após a transferência da terra. Este estudo toma conhecimento da alegação geral apresentada por alguns académicos no campo da terra e da reforma agrária relativamente à natureza "anti-democrática" da liderança tradicional - uma vez que a instituição encontra a sua base na regra "hereditária" em vez de "democrática" (Ntsebeza, 2005). Este estudo espera contribuir para esse debate, não necessariamente debatendo a natureza antidemocrática ou democrática da instituição da liderança tradicional, mas antes fornecendo provas empíricas dos papéis positivos e negativos desempenhados pelos Amakhosi no contexto da expansão da caça comunitária em resultado da reforma agrária.

É importante estudar o papel atual dos chefes em instituições democráticas como os CPAs e as suas relações em mudança com os seus 'súbditos'. Argumenta-se aqui que, da mesma forma que o Departamento de Assuntos Fundiários (agora Departamento de Desenvolvimento Rural e Reforma Agrária) impôs a ideia de uma agricultura comercial de larga escala "pró-mercado" aos beneficiários de terras (Lahiff, 2009), ele fez o mesmo em relação às terras de conservação da natureza e aos beneficiários de fazendas de caça por meio de suas conexões com ministérios de conservação da natureza, como o Ezemvelo-KZN Wildlife. Este pensamento "baseado no conhecimento especializado" (Hebinck, Fay e Kondlo, 2011) é filtrado até aos Amakhosi/chefes que lidam diretamente com os beneficiários das terras, defendendo a possibilidade de ganhar dinheiro com a fauna bravia através da chamada "conservação baseada na comunidade". O 'papel de vanguarda' dos Amakhosi na reforma agrária levou-os a ter uma influência significativa nos fundos fiduciários 'comunitários', incluindo a defesa da continuação da caça como um uso viável da terra depois de a reivindicação de terra ter sido resolvida.

Este papel do Amakhosi levanta questões sérias, tais como: até que ponto a reforma agrária aumentou a quantidade de terra sob o controlo dos chefes, bem como o seu poder sobre este pedaço de terra recentemente adquirido? Será que este pedaço de terra recém-adquirido - a fazenda de caça - se torna assim efetivamente terra "comunal" simplesmente porque é governada por um chefe? O que dizer das disposições da Lei do CPA que tentou reduzir alguns dos poderes dos chefes em questões de terra? Isto também deve ser entendido tendo como pano de fundo o facto de que em KwaZulu-Natal, os Amakhosi continuam a ser reconhecidos e respeitados pelos seus súbditos (apesar de existirem sinais de insatisfação, como será discutido mais tarde).

O estudo não é apenas relevante de um ponto de vista académico: espera-se que as suas conclusões sejam úteis para as comunidades beneficiárias das explorações de caça em estudo, bem como para as ONG do sector fundiário (particularmente a AFRA), conservacionistas da natureza, associações de caça e conservação, autoridades provinciais de conservação da natureza e o Departamento de Desenvolvimento Rural e Reforma Agrária. Mais importante ainda, dá voz aos sul-africanos comuns, actuais ou antigos habitantes de explorações agrícolas: as pessoas esquecidas que, na maioria dos casos, são ignoradas pelo processo de reforma agrária, o mesmo processo que pretende dar-lhes poder.

1.2 Finalidade e objectivos da investigação

O objetivo geral do estudo é investigar as principais dinâmicas sócio-espaciais e políticas envolvidas na aquisição de explorações de caça privadas por beneficiários da reforma agrária.

O estudo tem três objectivos:

- Investigar como as diferentes vias legais adoptadas no processo de reforma agrária influenciaram a natureza do assentamento, bem como os resultados pós-assentamento.
- Investigar até que ponto a liderança tradicional promoveu as explorações de caça comunitárias criadas através do processo de reforma agrária e as consequências deste envolvimento.
- Examinar criticamente as parcerias entre as partes interessadas em que os fundos comunitários estão envolvidos e a sua influência nas práticas de gestão das explorações de caça.

1.3 A contribuição desta investigação para os conhecimentos actuais

Este estudo é a primeira investigação académica sobre as dinâmicas socio-espaciais e políticas envolvidas na aquisição de explorações de caça privadas por beneficiários da reforma agrária. Na prática, estas terras passaram a ser conhecidas como fazendas de caça "comunitárias" e, nalguns casos, áreas de conservação "comunitárias" e, por conseguinte, estão incorporadas nos discursos do CBC. Com base numa investigação histórica e etnográfica pormenorizada nas Midlands de KwaZulu-Natal, a tese questiona noções românticas ligadas ao empreendimento da cinegética comunitária (demonstradas em cerimónias de "entrega" e oportunidades fotográficas associadas) e mostra como a reforma agrária está atualmente a desenrolar-se de formas algo contraditórias para os chamados beneficiários de cinegéticas privadas.

É importante notar que a investigação chama a atenção para a capacidade limitada do que anteriormente eram pequenas explorações de caça recreativa para proporcionar meios de subsistência sustentáveis a várias centenas de agregados familiares. A investigação põe em dúvida as promessas da cinegética "comunitária" que é frequentemente retratada de forma simplista nos meios de comunicação social. Veja-se, por exemplo, a seguinte declaração da Associação de Conservação Africana ao comentar, em 2004, a formação da Reserva de Caça Comunitária de Ngome:

> Uma reivindicação de terras bem-sucedida no centro de KwaZulu-Natal está prestes a tornar-se numa concessão de caça bem-sucedida, com potencial para gerar rendimentos substanciais para cerca de 600 famílias anteriormente destituídas.
> (http://africanconservation.org/forum/news-archives-around-africa/ 3748-first-sa-land-claim-set-aside-for-conservation).

Na realidade, excluídos dos benefícios que existem, muitos membros da comunidade estão a pedir terras para a criação de gado.

A pesquisa também documenta como as elites rurais locais e/ou chefes (Amakhosi) parecem ter-se posicionado para se envolverem em novas formas de acumulação no âmbito do processo de reforma agrária em curso e de processos mais amplos de mudança agrária. A história aqui contada é significativamente moldada pelos papéis influentes dos Amakhosi na reforma agrária e nos subsequentes processos de "desenvolvimento" da caça comunitária. Os Amakhosi argumentam que são campeões do desenvolvimento rural. No entanto, este estudo traça o que alguns membros da comunidade vêem como a imposição da caça comunitária como um modelo de desenvolvimento rural aos beneficiários da terra pelos departamentos estatais responsáveis (e mais recentemente pelo sector privado) - através dos Amakhosi. O estudo baseia-se em entrevistas aprofundadas para esclarecer como as explorações cinegéticas "comunitárias" passaram a ser vistas como propriedade da Amakhosi. Como resultado, e sem surpresa, existe um ressentimento considerável por parte de alguns beneficiários da terra em relação à Amakhosi e/ou aos fundos comunitários, às associações de propriedade comunal e à reforma agrária em geral. Estas queixas são alimentadas pela evolução das relações dos beneficiários da terra com estas instituições e pela sua amarga experiência das contradições do próprio processo de reforma agrária.

O papel desempenhado pelos serviços estatais responsáveis na cinegética comunitária é igualmente destacado. O estudo revela uma falta de política abrangente, levando a uma maior dependência de parcerias privadas (entre as comunidades e o sector privado) que são, na prática, bastante problemáticas. Ambas as comunidades aqui estudadas estabeleceram uma parceria com uma empresa de caça privada - a Associação de Caça e Conservação de KwaZulu-Natal (KZNHCA). O estudo documenta a relação da KZNHCA com as autoridades tradicionais e os fundos comunitários em ambos os casos. Torna-se então claro como estas relações, e as práticas a elas associadas, estão ligadas a tensões no seio de cada uma das comunidades - bem como o facto de os funcionários da KZNHCA não se aperceberem da dinâmica intracomunitária. Esta constatação é ainda mais significativa à luz do facto de que tais organizações e parcerias são supostas fornecer "conhecimentos especializados" às comunidades beneficiárias para gerirem as suas explorações de caça.

Finalmente, o estudo documenta o interessante contra-exemplo da reserva privada de caça de Khobotho que não seguiu a rota da cinegética comunitária porque o antigo proprietário branco abateu toda a vida selvagem na sua quinta antes da entrega (o Departamento de Assuntos Fundiários não o compensou pela caça). Este contraste acrescenta uma dinâmica intrigante às histórias de "sucesso" da reforma agrária, uma vez que os beneficiários da terra - alguns dos quais se estabeleceram de novo na terra que costumava ser uma reserva privada de caça - vêem este resultado (ou seja, uma reserva de caça comunitária "falhada") como uma história de sucesso.

1.4 Estrutura da tese

Esta tese é composta por oito capítulos e está estruturada da seguinte forma: O primeiro capítulo apresenta a fundamentação, o objetivo e os objectivos do estudo. Há dois capítulos de revisão da literatura. O Capítulo Dois discute a literatura académica sobre conservação da natureza e reforma agrária, analisando narrativas de conservação de base comunitária, democracia e ambiente natural, parcerias de conservação e reforma agrária em terras de conservação da natureza. O Capítulo Três centra-se nos líderes tradicionais (Amakhosi) no contexto histórico e contemporâneo e na relevância desta instituição para a atual questão da terra, particularmente no que diz respeito às terras estatais de conservação da natureza e às explorações privadas de caça afectadas por reivindicações de terras. O Capítulo Quatro apresenta a metodologia seguida pelo investigador durante a recolha de dados. Este capítulo enfatiza o papel da pesquisa qualitativa na compreensão e explicação da dinâmica socio-espacial das pessoas na sua capacidade como indivíduos, família e membros da 'comunidade', especialmente nas áreas rurais.

O capítulo cinco passa ao pormenor das duas comunidades em estudo. Tem como objetivo situar o estudo em termos da história das duas comunidades beneficiárias e apresenta os espaços envolvidos ou locais de estudo. Uma vez que foi adoptada uma abordagem de estudo de caso comparativo, os resultados da investigação são apresentados, analisados e discutidos de forma comparativa, comparando as duas explorações comunitárias de caça entre si. O capítulo traça o percurso da desapropriação de terras vivida pelas duas comunidades em estudo até ao período colonial e do apartheid, situando estes acontecimentos na literatura sobre a propriedade livre africana e as remoções de manchas negras; o arrendamento de mão de obra, a sua abolição e resultados; e as implicações destes tipos de remoções para os habitantes das quintas. Em seguida, o capítulo traça a tendência do desenvolvimento e da proliferação da caça privada no país, fornecendo um pano de fundo para a posterior beneficiação das explorações de caça (atualmente "explorações de caça comunitárias").

A informação no Capítulo Cinco é importante para responder ao objetivo (i), nomeadamente a questão de como as diferentes rotas legais tomadas através do processo de reforma agrária influenciaram a natureza do assentamento, bem como os resultados pós-assentamento. Esta questão é examinada com mais pormenor no Capítulo Seis, que analisa o acordo alcançado em cada caso, bem como os resultados subsequentes nas explorações de caça "comunitárias".

O outro foco do Capítulo Seis é responder ao objetivo (ii), nomeadamente a questão de saber até que ponto a liderança tradicional promoveu as explorações de caça comunitárias criadas através do processo de reforma agrária e as consequências do seu envolvimento. Os objectivos (i) e (ii) estão intimamente ligados devido ao papel de liderança desempenhado pelo Amakhosi em ambos os estudos de caso.

O capítulo sete intitula-se: "Análise das parcerias das partes interessadas" e centra-se no objetivo (iii), realizando um exame crítico das parcerias das partes interessadas em que os fundos comunitários estão envolvidos e a sua influência nas práticas de gestão das explorações de caça. A questão de saber se as "explorações cinegéticas comunitárias" proporcionam ou não um resultado justo para os beneficiários da terra, e se a cinegética é de facto considerada pelos beneficiários como uma opção viável de uso da terra após a restituição, é mantida em mente ao longo da análise.

Esta estrutura permite ao investigador localizar estrategicamente a evidência empírica do estudo no âmbito de debates académicos mais amplos sobre a liderança tradicional, questões de terra, conservação baseada na comunidade (ou gestão comunitária da fauna bravia), bem como 'parcerias para a conservação da natureza' entre os beneficiários da terra e o sector privado e as instituições estatais, de modo a realçar as tensões actuais no chamado sector da 'caça comunitária'. Todos os resultados da investigação são analisados tendo em conta as geografias históricas e as dinâmicas espaciais das duas comunidades, tal como apresentado no Capítulo Cinco, localizando os seus problemas actuais em terras legadas por regimes antidemocráticos do passado.

O Capítulo Oito apresenta as conclusões do estudo e recomendações para ação e investigação futura.

Capítulo 2

Perspectivas teóricas sobre a conservação de base comunitária e a reforma agrária

2.1 Introdução

Esta tese trata das experiências de comunidades rurais anteriormente despossuídas que se tornaram beneficiárias de terras através do programa de reforma agrária. Em virtude de serem beneficiárias de uma exploração cinegética, ambas as comunidades em estudo ficaram também associadas à ideia de conservação de base comunitária (CBC) ou de gestão comunitária da fauna bravia. A compreensão da incorporação nestas narrativas mais amplas (CBC e reforma agrária) requer uma fundamentação teórica e uma revisão da literatura para enquadrar este projeto de investigação específico.

Este capítulo está dividido em três secções ou temas principais. O primeiro tema é a ideologia e a prática da conservação baseada na comunidade. Em segundo lugar, é apresentado e discutido o programa sul-africano de reforma agrária, em particular a restituição. A terceira secção reúne estes dois temas numa discussão sobre as reivindicações de terras em áreas de conservação da natureza, incluindo a natureza da restituição e a política das 'parcerias de conservação da natureza' daí resultantes.

Antes de iniciar a revisão, é útil refletir sobre uma questão que tem sido mantida em mente desde o início deste estudo. Num Workshop de Caça financiado pelo SANPAD, realizado em Durban a 23 de outubro de 2009, a Prof. Marja Spierenburg levantou uma questão importante: *O que é que constitui "sucesso" na reforma agrária e na cinegética de propriedade comunitária na África do Sul?* Considerando a multiplicidade de actores envolvidos na reforma agrária e nas "parcerias para a conservação da natureza", cada um com a sua própria definição de sucesso, esta é uma pergunta provocadora. Como seria o "sucesso" para o Departamento de Assuntos Fundiários (atualmente Departamento de Desenvolvimento Rural e Reforma Agrária)? O Departamento de Turismo e Assuntos Ambientais? Outras partes interessadas, tais como parceiros externos de cogestão? Membros da própria 'comunidade' beneficiária? Qual é a definição de sucesso que tem mais peso? No contexto da 'cinegética comunitária', a ideia pode ser considerada boa pelo governo e pelas autoridades de conservação da natureza, mas não necessariamente por um beneficiário com intenções de criação de gado e actividades agrícolas. O mesmo se aplica ao "fracasso": um projeto economicamente mal sucedido pode ser considerado como um projeto de cinegética fracassado por uma pessoa, mas pode ser visto como bem sucedido por outra pessoa que utilize critérios diferentes.

No contexto sul-africano, Ramutsindela (2002) levanta a questão de saber se os acordos de restituição em terras reivindicadas para conservação da natureza devem ser considerados como "bem sucedidos". A este respeito, a AFRA (2004a) salienta que os requerentes de Makuleke são frequentemente citados como um sucesso, mas isto não é isento de problemas. Os reclamantes de Makuleke não regressaram, obviamente, à sua terra original, que continua a ser uma área de conservação da natureza (parte do Parque Nacional Kruger) (Ramutsindela, 2002). Embora não se possa contestar que a reivindicação de terra Makuleke é (foi) considerada como um exemplo pioneiro e emblemático para a 'conservação baseada na comunidade', não se pode ignorar as percepções oferecidas em Ramutsindela (2002), que esta reivindicação de terra 'bem sucedida' não foi tão bem sucedida para a comunidade. Mais uma vez, isto leva-nos de volta às questões levantadas acima. Como é que definimos sucesso em parcerias comunitárias de conservação da natureza? Quem beneficia com isso? O que é que isso significa para a comunidade? E ainda mais confuso: O que é uma comunidade? O que define e quem constitui essa 'comunidade'? Estas questões são colocadas em grande parte da literatura analisada neste capítulo.

2.2 A ascensão da conservação de base comunitária (CBC)

> É inútil e um insulto para os pobres dizer-lhes que devem permanecer na pobreza para proteger o ambiente (Comissão Mundial sobre o Ambiente e o Desenvolvimento, 1987 citado em AFRA, 2004a:1).

A conservação baseada na comunidade ou, mais amplamente, a Gestão Comunitária dos Recursos Naturais (GCRN), é uma estratégia internacional utilizada como meio de salvar ou proteger a vida selvagem e outros recursos naturais e tem as suas raízes na experiência dos conservacionistas que trabalharam nos países mais pobres durante as décadas de 1960 e 1970 (Hackel, 1999).

> No final da década de 1970 e início da década de 1980, surgiram no Sul da Ásia várias experiências e iniciativas de Gestão Comunitária dos Recursos Naturais (GCRN) que serviram de inspiração para esforços posteriores. Este conjunto

inicial surgiu por várias razões e assumiu várias formas. Em muitos casos, resultaram da desilusão com o estado desenvolvimentista (Menon et al., 2007:4).

O CBC surgiu como uma nova abordagem à conservação porque a experiência tinha demonstrado que as abordagens tradicionais de exclusão das áreas protegidas, do topo para a base (conservação de fortalezas ou a abordagem "cercas e multas"), não eram muitas vezes eficazes para atingir os objectivos de conservação. Reconheceu-se que estas abordagens alienam os utilizadores locais dos recursos e que, na realidade, estão a agravar a perda de recursos naturais escassos em muitos países (Brown, 2002).

Ao mesmo tempo, as preocupações crescentes sobre os impactos da conservação nas populações humanas, particularmente as remoções forçadas para conservação, geraram um interesse em iniciativas de conservação 'comunitárias' que tentam abraçar a necessidade de contribuição e participação local (King, 2007:207).

> A conservação, segundo o argumento, levou à deslocação de dezenas de milhões de pessoas que anteriormente viviam, caçavam, pescavam e cultivavam em áreas agora protegidas pela vida selvagem, bacias hidrográficas, recifes, florestas ou ecossistemas raros (Agrawal e Redford, 2009:1).

Cock e Fig (2002) salientam que, em todo o continente africano, a criação de parques nacionais e áreas de conservação envolveu a remoção, a deslocação social e a exclusão explícita das comunidades indígenas. A África não é, de forma alguma, única neste aspeto. Como Kepe et al. (2003:9) salientam:

> A história sul-africana de alienação de recursos e de remoções forçadas em áreas protegidas é gritante no seu cálculo e na sua base legislativa, mas não é certamente única. Em todo o mundo, abundam os casos de criação de áreas protegidas com pouca ou nenhuma consideração pelas comunidades que vivem dentro ou adjacentes a essas áreas.

É, em parte, este legado da história das remoções forçadas para a conservação da natureza e outros impactos sociais da conservação da natureza que levou a várias tentativas de conservação com base na comunidade em muitas partes do mundo. Os termos CBNRM e CBC são muitas vezes usados indistintamente e referem-se a ideias, políticas, práticas e comportamentos que procuram dar àqueles que residem em ambientes rurais um maior envolvimento na gestão dos recursos naturais nas áreas onde residem e um maior acesso aos benefícios derivados desses recursos (Hulme e Murphree, 2001:4). Menon et al. apresentam uma definição alargada de CBNRM:

> Em termos gerais, qualquer situação em que a comunidade local esteja envolvida de alguma forma na gestão dos recursos naturais no seu ambiente imediato pode ser designada como um caso de gestão comunitária dos recursos naturais (Menon et al., 2007:14).

King também vê a CBNRM como um conceito amplo, abrangendo a conservação baseada

> na comunidade: A CBNRM inclui um amplo espetro de iniciativas, incluindo a conservação baseada na comunidade, a gestão comunitária da fauna bravia, a gestão comunitária dos recursos naturais e os programas integrados de conservação e desenvolvimento (ICDPs) King (2007:209).

Em geral, a conservação comunitária tem sido apresentada como uma alternativa às abordagens estritamente proteccionistas devido à inclusão da participação e dos conhecimentos locais na gestão dos recursos naturais (King, 2007). Brown (2002:9) identifica três fases principais de desenvolvimento destas ideias: primeiro, 'projectos integrados de conservação e desenvolvimento ou ICDPs, que têm sido implementados em torno de áreas protegidas existentes desde o início dos anos 80'; segundo, 'iniciativas de conservação comunitária'; e terceiro, 'projectos de utilização da fauna bravia, que surgiram nos anos 90'. Brown esclarece que cada uma destas aplicações pressupõe uma ligação entre conservação e desenvolvimento, e cada uma tem uma agenda ou discurso ligeiramente diferente. Cada uma reconhece a necessidade vital de envolvimento ou participação das pessoas nos esforços de conservação, mas promovem e/ou prescrevem estratégias diferentes para o conseguir (Brown, 2002: 9).

A conservação comunitária é então, em parte, 'uma resposta a um conjunto de ideias radicais de proveniência internacional que foram introduzidas (e continuam a ser introduzidas) na agenda da conservação' (Hulme e Murphree, 2001:1). De acordo com Brockington (2005), as ideias sobre conservação, desenvolvimento e conhecimento indígena ou local difundiram-se na ideologia emergente da gestão comunitária da fauna bravia ou conservação comunitária. Menon et al. argumentam que:

> A confiança depositada na CBNRM faz parte de uma mudança mais ampla de um desenvolvimento orientado pelo Estado para um desenvolvimento mais

> "comunitário" e orientado pela sociedade civil. O conceito e a prática da CBNRM são apoiados por vários discursos académicos, que vão da teoria da propriedade comum ao conhecimento tradicional e à descentralização (Menon et al., 2007:2).

Desde a década de 1990, o conceito de CBNRM passou a estar na vanguarda da política de desenvolvimento rural nos países em desenvolvimento. Os governos do Sul e do Sudeste Asiático, de África e da América Latina adoptaram e implementaram a CBNRM de várias formas (Menon et al., 2007:1). Alguns projectos de CBNRM são conduzidos como projectos de desenvolvimento rural pelos Estados em conjunto com ONG, o sector privado e outras partes interessadas, e alguns ocorrem como resultado da reforma agrária, em que as comunidades se vêem na posse de terras de conservação da natureza anteriormente detidas pelo Estado ou por privados. A nível mundial, há exemplos do Canadá, Índia e Bangladesh (Castro e Nelson, 2001 citado em Brown, 2002:11). Existe também o Parque Marinho do Recife de Bucco no sudoeste de Tobago, nas Caraíbas orientais (Brown, 2002). Existem também projectos de CBC no Brasil, particularmente na Amazónia (Brown, 2002). Um exemplo australiano é a cogestão aborígene Anangu do Parque Nacional Uluru-Kata Tjuta (anteriormente Ayers Rock e a cordilheira de Olga) (Cock e Fig, 2002).

Em suma, King (2007) observa que a popularidade da conservação comunitária é atribuível aos impactos da conservação nos meios de subsistência rurais e à ascensão do 'desenvolvimento sustentável' como discurso orientador do planeamento ambiental e do desenvolvimento.

2.2.1 Benefícios da conservação baseada na comunidade

Esta parte da revisão da literatura discute o que muitos académicos consideram ser os benefícios da cooperação transfronteiriça em termos de dinâmicas gerais e específicas da situação. A questão é: quem beneficia das vantagens do programa de cooperação transfronteiriça? De acordo com Child:

> As pessoas que iniciaram os programas comunitários de fauna bravia começaram com provas claras de terras privadas: (i) que as empresas de fauna bravia tinham uma vantagem económica comparativa, (ii) que nenhum dos rendimentos da fauna bravia beneficiava as comunidades, e (iii) que qualquer melhoria desta situação deve beneficiar tanto as pessoas como a fauna bravia (Child, 2000:360).

Um vasto leque de fontes salienta que os defensores da CBC insistem que os recursos das áreas protegidas devem beneficiar as populações locais, quer através da utilização direta, quer através dos lucros derivados do turismo (Brockington, 2000; Francis, 2000; Child, 2000; Hulme e Murphree, 2001). Muitas zonas rurais oferecem a pelo menos uma parte da sua população uma base de recursos para ganhar a vida localmente (Francis, 2000:34). Argumenta-se que o sector da fauna bravia é ambiental, financeira e economicamente sustentável e mais produtivo do que a pecuária em termos de lucro, divisas e emprego, que são cruciais para o alívio da pobreza (Child, 2000), especialmente no contexto africano e no mundo em desenvolvimento. Globalmente, o sector de conservação e turismo está a ser promovido com entusiasmo como um dos mecanismos chave para catalisar o desenvolvimento económico rural' (AFRA, 2004a:1).

De acordo com Hulme e Murphree (2001), o CBC vai além das escolhas técnicas ou mudanças nas leis ou organizações formais, na medida em que é parte integrante de processos mais amplos de mudança social e de tentativas de redistribuição do poder social e político. Tal como expresso por Cock e Fig, 'A chave para o novo conceito de conservação é que ele tenta ligar a proteção da biodiversidade a benefícios humanos que vão desde o emprego da população local até ao seu acesso à utilização sustentável dos recursos dentro dos parques' (Cock e Fig, 2002:135).

De acordo com Hackel (1999:727), os programas de CBC melhoram a vida das pessoas de três formas: (i) permitindo que as pessoas que vivem perto de terras protegidas participem na política de uso da terra e nas decisões de gestão; (ii) dando às pessoas propriedade e posse sobre os recursos da fauna bravia, e (iii) dando às pessoas locais benefícios económicos da conservação da fauna bravia. Libanda (2007) apoia a CBNRM como uma estratégia de desenvolvimento rural na medida em que são criados postos de trabalho, são gerados rendimentos a nível do agregado familiar e da comunidade e as pessoas são encorajadas a planear e gerir as suas próprias vias de desenvolvimento. Para as próprias comunidades, a utilização da fauna bravia proporciona um rendimento monetário significativo, que pode efetivamente complementar o seu rendimento proveniente da criação de gado, da produção de gado e da produção de culturas, onde as comunidades vivem dentro ou perto de áreas de fauna bravia de maior valor (Libanda, 2007). Por outro lado, é importante notar que, 'muita da literatura sobre a CBNRM é falsamente otimista e as grandes expectativas não foram alcançadas, como resultado, na

África Austral os aldeões não estão a beneficiar da CBNRM' (Mbaiwa, 2004:45).

2.2.2 Conservação com base na comunidade na África Oriental e Austral

> No final dos anos 80 e início dos anos 90, uma onda de democracia varreu a África Austral e com ela vieram novas políticas que permitiram às comunidades um melhor acesso aos recursos naturais, apelaram à sua participação na gestão de áreas protegidas e facilitaram a restituição de terras das quais tinham sido retiradas à força (Fabricius et al., 2001:831).

De acordo com o exposto, o clima político de uma determinada época da história influencia a estrutura social dessa época e também tem impacto no futuro. Tal é evidente nas práticas de conservação de fortalezas que precederam a democracia no contexto africano e especialmente na África do Sul. Se a ideologia da CBC é inseparável da democracia e da justiça social e ambiental (Hulme e Murphree, 2001), então não é de admirar que a África do Sul tenha aderido e abraçado o conceito relativamente tarde (Reid, 2001) em comparação com outros países da África Austral, como o Zimbabué, que foram libertados mais cedo.

Na África Oriental e Austral, a CBNRM foi adoptada como uma abordagem que visa alcançar o desenvolvimento económico rural e formas mais democráticas de gestão dos recursos naturais (Mbaiwa, 2004:44). No contexto do Zimbabué, Dzingirai (2003:258-9) afirma

> Com o apoio das finanças globais e dos seus clientes, o Estado e as empresas privadas estão a convidar as comunidades a largarem as lanças e as armadilhas e a participarem na conservação da vida selvagem com base na comunidade, em troca de promessas de controlo sobre a vida selvagem e de receitas e outros serviços gerados pela caça de safaris nas zonas rurais.

Um dos programas de CBNRM mais citados é o Programa de Gestão de Áreas Comunitárias para Recursos Indígenas (CAMPFIRE) do Zimbabué (Hackel, 1999). É um programa utilitário de vida selvagem desenvolvido para atrair a população local' (Hackel, 1999:730). É geralmente aceite que o CAMPFIRE desempenhou um papel pioneiro na conservação comunitária, especialmente no contexto da África Austral (Fabricius et al., 2001). Programas semelhantes tiveram início na Zâmbia, no Vale de Luangwa, e foram criadas áreas de conservação em terras comunitárias na Namíbia (Fabricius et al., 2001;

Ramutsindela, 2010). Existem também exemplos do Botsuana, incluindo o Okavango Community Trust (OCT), o Okavango Kopano Mokoko Community Trust (OKMCT) e o Khwai Development Trust (KDT) (Mbaiwa, 2004).

No contexto sul-africano, o envolvimento da comunidade Makuleke no Parque Nacional Kruger é um exemplo de CBC (Reid, 2001; Ramutsindela, 2002; AFRA, 2004a). Outro exemplo sul-africano é a Reserva de Caça Mahushe Shongwe, que foi iniciada em 1986 como o primeiro projeto de conservação na antiga terra natal dos KaNgwane (King, 2007), e também a Reserva Natural Mkambati no Cabo Oriental (Kepe, 2008).

Na África do Sul, a conservação de fortaleza significava que os benefícios derivados da conservação eram retidos para a minoria branca da população e, como resultado, a África do Sul - tal como muitas antigas colónias - tem tido uma história de conflito relativamente aos seus recursos naturais (Reid, 2001). Com base em Cock (1991), Walker (1999:270) salienta que a experiência de conservação da era do apartheid deixou muitos sul-africanos negros com sentimentos de profunda hostilidade em relação ao ambientalismo, vendo-o como uma preocupação da classe média branca. Na mesma nota, Cock e Fig (2002) salientam que as áreas protegidas reflectem a dinâmica de poder que moldou a estrutura social sul-africana. Durante o apartheid, os sul-africanos maioritários (negros) foram sujeitos a uma "dupla exclusão" dos parques nacionais: "a negação do acesso como visitantes e a exclusão do poder, da autoridade e da influência na tomada de decisões e na formulação de políticas" (Cock e Fig, 2002: 132). Esta situação foi agravada pelas remoções forçadas para conservação da natureza em muitas partes do país e não só (Fabricius et al., 2001).

A 'história recente da África do Sul de domínio de minorias racistas' provocou o seu isolamento dos debates internacionais durante muitos anos e a África do Sul ficou atrás do resto da África Austral na implementação de estratégias de 'conservação **baseadas** na comunidade' (Reid, 2001:137). O fim do apartheid e o alvorecer da democracia marcaram o fim dos modelos de conservação baseados na raça: agora a 'posição oficial do governo é que os objectivos de desenvolvimento e conservação devem complementar-se' em benefício da população (Walker, 1999:272). P. Walker cita um discurso proferido em 1997 pelo Dr. Pallo Jordan, na altura Ministro dos Assuntos Ambientais e do Turismo:

Agora que nos libertámos do nosso estatuto de pária e das políticas de apartheid,

> estamos a re orientar as despesas públicas para a consecução dos objectivos sociais e económicos do novo governo democrático... No passado, embora as comunidades locais suportassem frequentemente os custos, viam muito pouco dos benefícios do (eco)turismo. Como resultado, historicamente, as populações locais têm sido alienadas do património de conservação porque não receberam qualquer parte dos seus benefícios. Ao assegurar que todos os projectos de desenvolvimento do ecoturismo envolvam as comunidades locais de uma forma significativa, será possível restaurar o orgulho destas comunidades no seu património natural, dando-lhes acesso aos benefícios sustentáveis do turismo (Dr. Pallo Jordan, 1997, discurso em Walker, 1999:272-3).

Isaacs e Mahommed fizeram praticamente as mesmas observações (2000:1) e também associaram explicitamente a conservação às questões fundiárias:

> Na África do Sul, o espaço de ação para a gestão dos recursos naturais com base na comunidade é largamente criado pelas mudanças pós-apartheid nas políticas e programas de recursos naturais. A gestão dos recursos naturais na África do Sul deve procurar corrigir o legado ambiental das eras colonial e do apartheid. O governo sul-africano não só enfrenta um legado de desconfiança, desapropriação e remoções forçadas, como também tem de reestruturar os *regimes de distribuição de terras* que entrincheiraram a propriedade e o controlo dos recursos naturais pelos brancos (Isaacs e Mohammed, 2000:1).

Uma das questões-chave da justiça ambiental no país é a questão da restituição de terras. As reivindicações de terra em terras de conservação têm sido vistas como um dos mecanismos mais fortes para corrigir o equilíbrio de poder entre as comunidades e as autoridades de conservação (Reid, 2001:138). A restituição de terras é também um aspeto do afastamento dos modelos de conservação de inspiração colonial, centrados na preservação, para modelos mais indígenas (Cock e Fig, 2002). Numa tentativa de corrigir a história das remoções forçadas, o programa de reforma agrária teve de lidar também com a história das remoções forçadas para conservação da natureza. Tais iniciativas cristalizaram-se, até certo ponto, em projectos de conservação baseados na comunidade, por vezes controversos, como se verá a seguir.

Ainda há questões importantes a responder em relação a esta "coletividade": que poder têm as populações rurais quando tais iniciativas têm lugar, em comparação com os governos nacionais, as ONG (internacionais) e as instituições financeiras globais que dirigem/impõem a "conservação de base **comunitária**" a partir de cima? Este ponto será aprofundado mais adiante, na discussão sobre a política fundiária ou geopolítica das parcerias público-privadas (parcerias para a conservação da natureza).

A questão central é: poderá a conservação baseada na comunidade fazer o que os seus defensores esperam, apesar dos graves problemas sociais, políticos e económicos de África? (Hackel, 1997:228). Como observa Walker (1999), a África do Sul está a lutar para desenvolver modelos de conservação que integrem a proteção ambiental e que, ao mesmo tempo, lidem com as necessidades sempre prementes de desenvolvimento económico e social. Na mesma linha, Walker adverte que a lentidão do desenvolvimento do ecoturismo põe em causa se os objectivos sociais e ambientais podem ser alcançados simultaneamente num prazo aceitável para as populações locais, e sugere que 'o ritmo lento do desenvolvimento do ecoturismo é, ironicamente, em parte, o resultado de outras manifestações do compromisso do governo com a equidade social' (Walker, 1999:273).

2.2.3 Problemas na conservação baseada na comunidade

O CBC é um domínio controverso. Decker e Chase (1997) especularam que a gestão da fauna bravia no século XXI terá de lidar com as dificuldades de gestão da fauna bravia e das pessoas para otimizar os benefícios para uma sociedade que vive com a fauna bravia e experimenta os diversos benefícios e problemas associados a essa intimidade. Hackel (1999) argumenta que a implementação e aplicação generalizada de programas de CBC é questionável em África à luz do rápido crescimento populacional e da pobreza generalizada. Hackel duvida que o retorno económico do programa de cooperação transfronteiriça seja suficiente para evitar que as pessoas procurem alternativas económicas noutros locais. Nas suas próprias palavras, Hackel (1999:733) afirma que 'os programas são extremamente difíceis de administrar, e a realização simultânea de objectivos sociais, económicos e de conservação é problemática'.

Homewood (2005) identifica contradições na CBNRM, na medida em que os objectivos de conservação ocidentais são estranhos às comunidades rurais na África subsaariana. As abordagens ditas de 'conservação comunitária' são em grande parte inspiradas em modelos neo-liberais de gestão da fauna bravia baseados no consumo (De Menore, 2005).

Walker aponta para os efeitos persistentes da injustiça histórica, afirmando:

> ... no período pós-colonial, a estrutura básica da política de conservação colonial foi em grande parte mantida em muitos países africanos, produzindo uma espécie de impasse persistente e amargo entre os Estados africanos incapazes de aplicar plenamente as políticas de conservação e as comunidades locais incapazes de escapar totalmente aos controlos estatais (Walker, 1999:264-5).

Este ponto de vista é alargado por King (2007:217) que argumenta que 'a ascensão do cenário de crise ecológica, juntamente com o desenvolvimento sustentável como discurso orientador do desenvolvimento internacional, expandiu, em vez de reduzir, o controlo externo das paisagens africanas na era pós-colonial'.

Além disso, Homewood (2005) salienta que outras formas de utilização da terra que não a conservação podem trazer maiores benefícios imediatos para as populações locais, em particular as especificamente afectadas negativamente pelas políticas de conservação de fortalezas. As vítimas de remoções forçadas para conservação podem não optar pela CBC como uma opção de uso da terra, a menos que esta lhes seja imposta, como é o caso em muitos projectos de CBNRM desencadeados pela reforma agrária na África do Sul (Ramutsindela, 2002; Kepe, 2008; Ngubane, 2011).

Sem surpresa, outros críticos observam que os resultados da CBNRM têm sido

> decepcionantes: A implementação prática de iniciativas de gestão de recursos naturais com base na comunidade (GCRN), no entanto, ficou aquém das expectativas (Leach et al., 1999:225).

A maioria dos projectos de CBNRM não conseguiu atingir os seus objectivos, quer na África do Sul quer noutros locais da África Austral e não só. Homewood (2005), num tom bastante radical, conclui que a 'conservação comunitária' não é ideal, na medida em que a principal fonte de subsistência das populações rurais - para a maioria da população africana - é a pastorícia e a agricultura (em pequena escala). As dificuldades enfrentadas pelos projectos de CBC podem estar relacionadas com 'a incapacidade de compreender adequadamente a complexidade das comunidades, as dificuldades em conseguir uma participação efectiva, a simplificação excessiva dos pressupostos sobre o empoderamento e a não consideração plena das implicações de sustentabilidade das intervenções' (Brown, 2002:14).

As soluções para os problemas dos projectos de conservação comunitária assentam na consideração dos intervenientes em todas as fases. 'A solução está em adotar uma abordagem que seja suficientemente robusta para abranger a amplitude dos interesses dos intervenientes que existem e acomodar a sua natureza em constante mudança' (Decker e Chase, 1997:794). De acordo com Hackel (1999:732), 'Tanto os conservacionistas como a população local devem ser claros quanto aos objectivos de conservação e quanto ao que acontecerá se um programa de CBC não os atingir'. Deduzindo do que foi dito acima, parece que a solução está nas próprias pessoas - a sua consulta e envolvimento tornaram-se uma necessidade para o sucesso - qualquer que seja o significado de sucesso para o CBC.

Em resposta aos críticos, Hulme e Murphree, citados em Brockington (2005:101), contra-argumentam que a conservação comunitária não foi tentada e considerada impossível, mas sim tentada e considerada difícil. O ponto de partida para o CBC, segundo Hulme e Murphree, reside na motivação para a vontade política de combater os problemas complexos específicos que cada projeto enfrenta em cada situação. Cock e Fig preocupam-se com o facto de, "enquanto modelo, a conservação baseada na comunidade estar mais uma vez ameaçada. Sem uma visão inclusiva da conservação da natureza, a sua sobrevivência dependerá dos caprichos de alguns decisores e não de um grande círculo eleitoral cujos interesses possam ser servidos por essas actividades' (Cock e Fig, 2002:153). No que diz respeito à África do Sul, Cock e Fig salientam que o principal desafio é como promover uma visão transformadora para os seus parques nacionais que se baseie na justiça ambiental (Cock e Fig, 2002:153). A participação genuína, ou seja, o envolvimento das partes interessadas relevantes, é uma das características mais importantes da cooperação transfronteiriça: a participação efectiva é um ingrediente necessário destes projectos, mas é difícil de conseguir na prática (Brown, 2002).

2.2.4 A democracia e o ambiente natural

Na literatura são levantadas questões sobre como alcançar um resultado democrático e conservar a vida selvagem ou os recursos naturais. Walker (1999) examina as experiências de democratização em três países da África Austral, e considera algumas das formas como estas experiências remodelaram as políticas e práticas de gestão dos recursos naturais em contextos locais específicos. Ele adverte que a democracia nesta região é ambígua e incompleta (Walker, 1999). No entanto, ele menciona dois ideais democráticos que podem ser usados para defender melhores formas de gestão dos recursos. O primeiro é que 'a democracia promove uma maior capacidade de resposta dos líderes políticos às necessidades dos seus círculos eleitorais; pode trazer maiores esforços para promover o desenvolvimento social e económico, dando às populações rurais maior capacidade para investir na agricultura sustentável e na conservação' (Walker, 1999:264).

O segundo ideal democrático é uma maior participação local na tomada de decisões e na gestão do ambiente (Walker, 1999). Os governos democráticos podem evitar políticas mal orientadas e ineficazes, promovendo um maior respeito pelas percepções e necessidades locais e explorando os conhecimentos e competências locais através de abordagens de conservação participativas que trabalham a favor e não contra os interesses das comunidades afectadas" (Walker, 1999:264).

Por outro lado, Hackel (1999) afirma que a democracia em relação ao CBC pode ser uma faca de dois gumes. Ele sustenta que, independentemente das promessas democráticas para o desenvolvimento rural, que teoricamente poderiam favorecer o CBC, também é possível que a democracia rural promova, através de meios democráticos, a perda de terras para a vida selvagem, uma vez que as pessoas das zonas rurais ganham uma maior influência nas decisões sobre o uso da terra. Os conservacionistas não devem assumir que o aumento da democracia, com a presumível descentralização que lhe está associada, será benéfico para os esforços de conservação" (Hackel, 1999:729). Os proponentes do CBC ignoram factores cruciais como a probabilidade de fracasso de tais iniciativas: para que o CBC seja bem sucedido, tem de servir genuinamente o bem-estar socioeconómico das pessoas (Hackel, 1999).

A secção seguinte apresenta ao leitor alguns antecedentes do programa de reforma agrária sul-africano, antes de passar a uma discussão pormenorizada sobre a conservação da natureza e as reivindicações de terras na África do Sul.

2.3 O programa de reforma agrária na África do Sul

O programa de reforma agrária sul-africano é uma resposta a uma distribuição altamente desigual da terra segundo linhas raciais e uma tentativa de corrigir as injustiças das remoções forçadas e outras desapropriações. Subjacente à magnitude da injustiça, os brancos possuem mais de oitenta e cinco por cento da terra (Fraser, 2006:1).

O recém-eleito governo sul-africano, liderado pelo ANC, começou em 1994 a elaborar leis e a aplicar o programa de reforma agrária (Cliffe, 2000). O programa consistia em três dimensões principais: restituição de terras, redistribuição e reforma da posse.

A restituição diz respeito ao restabelecimento das terras, à resolução dos pedidos de indemnização por terras perdidas no âmbito das medidas do apartheid através do restabelecimento das explorações ou da concessão de uma compensação. O objetivo do segundo programa, a redistribuição, é

> ...para proporcionar aos desfavorecidos e aos pobres o acesso à terra para fins residenciais e produtivos. O seu âmbito de aplicação inclui as populações urbanas e rurais muito pobres, os arrendatários, os trabalhadores agrícolas e os recém-chegados à agricultura. Isto é conseguido através de um processo de três fases, ou seja, a aprovação, a designação e a transferência efectiva da terra (Nyawo, 2008:36).

Como refere Fraser (2006: 1), o governo estabeleceu o objetivo de redistribuir 30% do total das terras agrícolas até 2014, mas teve de admitir que este não será um objetivo realista e exequível. O prazo foi novamente adiado para 2025 (Kleinbooi, 2010). O terceiro aspeto da reforma agrária é a reforma da posse, que tem por objetivo proporcionar uma maior segurança de posse a todos os sul-africanos, especialmente aos que residem em explorações agrícolas comerciais e nas antigas pátrias (Hall, 2007).

O presente estudo está particularmente preocupado com a dimensão de restituição do programa de reforma agrária e, por conseguinte, o programa de restituição será aqui objeto de maior atenção. O programa de restituição de terras tem como objetivo devolver terras aos que foram despojados dos seus direitos fundiários desde 1913, através de leis e práticas racialmente discriminatórias. Alguns académicos consideram esta data problemática em si mesma, porque exclui tecnicamente a restituição das desapropriações de terras que tiveram lugar antes de 1913. Algumas comunidades encontraram formas de contornar esta situação: por exemplo, a comunidade de Ngome, objeto deste estudo, desapossada dos seus direitos à terra no período anterior a 1913, utilizou estrategicamente o programa de redistribuição de terras para recuperar as terras perdidas.

O principal objetivo da restituição é promover a justiça social e a reconciliação (Cliffe, 2000). O processo de restituição baseia-se em direitos. Mais especificamente, fornece uma "medida de justiça" àqueles que foram despojados dos direitos à terra no período pós 1913' (Westaway e Minkley, 2003:2). As reivindicações de terra podem ser feitas contra qualquer terra que foi expropriada depois de 1913 (i.e. depois da promulgação da Lei de Terras dos Nativos), ou em casos onde houve remoções forçadas (Bosman, 2007:5).

O seu âmbito de aplicação foi-se alargando ao longo do tempo. Como explica Hall:

> O ímpeto para a restituição veio de pessoas removidas à força dos *"pontos negros"* para as chamadas terras de origem, na sua maioria de memória viva, mas o programa passou a abranger um leque muito mais vasto de requerentes, incluindo os despejados em áreas urbanas, *antigos arrendatários de mão de obra em explorações agrícolas comerciais* e aqueles que perderam terras e meios de subsistência através do planeamento de "melhoramento" nas terras de origem (Hall, 2007:98).

A restituição é um processo que tem de ter lugar dentro das limitações dos recursos estatais disponíveis e no âmbito do quadro político geral do Estado compensador, tendo em conta a perda física de bens. Como explica Roodt, 'Se a restauração não for possível, a restituição pode assumir a forma de uma *indemnização financeira* ou, no caso da terra, de *uma terra alternativa*' (Roodt, 2003:5) [ênfase acrescentada]. Roodt sublinha que o principal objetivo da restituição é a reconciliação (Roodt, 2003:5).

2.3.1 Temas e narrativas de restituição

De acordo com Cherryl Walker (2008:34), a narrativa principal que sustenta o projeto de restituição de terras na África do Sul tem dois temas centrais: o trauma da perda profunda e deslocadora de terras no passado e a promessa de justiça reparadora através da devolução dessas terras no futuro. Isto realça o poder dos processos sociais (apartheid e democracia) na engenharia socio-espacial das pessoas, passando de políticas estatais 'negativas' para 'positivas' implementadas por ideologias contrastantes (apartheid e democracia). A perda foi infligida por um Estado racista e pelos seus apoiantes através de um programa deliberado de deslocação das comunidades negras para fora das áreas designadas para os brancos, um processo popularmente descrito como um processo de remoções forçadas" (Walker, 2008:34).

Walker (2008:37) salienta ainda que a narrativa da desapropriação opera em dois domínios distintos. O primeiro é a arena política nacional que motiva e justifica as políticas actuais, não só para a reforma agrária, mas para a transformação (justiça) social de forma mais ampla. Esta é uma narrativa bastante unidimensional. O outro domínio é mais complexo - é o das experiências reais no terreno:

> O outro domínio é constituído por uma multiplicidade indisciplinada de desapropriações reais de terras, cada uma com as suas dinâmicas locais específicas e particulares, que podem corresponder apenas em termos gerais ao relato nacional. Este é o domínio em que a política nacional deve ser implementada - onde o programa de restituição se torna operacional e a presumível unidade dos "sul-africanos negros" e da "comunidade" por detrás das suas reivindicações de terra começa a dissolver-se (Walker, 2008:37).

Em teoria, as duas dimensões estão ligadas, mas na realidade são diferentes e fazem exigências diferentes ao programa de reforma agrária do Estado (Walker, 2008). A narrativa nacional exige que se apresse "a resolução do maior número possível de reivindicações de terra e a redistribuição do maior número possível de hectares no mais curto espaço de tempo - a reparação a um nível agregado, como parte da libertação nacional dos negros enquanto coletividade" (Walker, 2008:37). As aplicações locais da narrativa também apelam à rapidez do processo de restituição. No entanto, 'a Comissão de Reivindicações de Terras e o Departamento de Assuntos Fundiários rapidamente descobriram, depois de 1994, que a resolução das reivindicações de terras reais requer um tempo alargado, não só para investigar histórias mal documentadas e identificar os beneficiários legítimos, mas também para resolver o conflito de interesses que é comum ocorrer e para integrar os assentamentos propostos com outros programas e prioridades do estado' (Walker, 2008:37-8).

O que distingue a aplicação local da narrativa da história nacional é a sua ênfase na atenção ao *processo* de restituição e não apenas nos resultados da interação com os requerentes e as partes afectadas (Walker, 2008). A atenção ao processo é particularmente importante se o compromisso de trabalhar com os marginais e destituídos de poder dentro dos grupos de requerentes, incluindo as mulheres, for levado a sério, como exige a política nacional de alto nível" (Walker, 2008:38). A atenção ao processo significaria afastar-se da conceção mítica de uma comunidade homogénea (discutida em mais pormenor abaixo) e ter em conta as diferenças sociais dentro das comunidades, incluindo o género, a riqueza, os conflitos intergeracionais e a dinâmica do poder.

2.3.2 A restituição como um processo baseado em direitos e juridicamente orientado

> Devido ao trabalho do Grupo de Trabalho de Reivindicações de Terras, a Lei de Restituição de Direitos de Terra foi a primeira peça de legislação de 'transformação' a ser aprovada no novo parlamento; a sua promulgação em novembro de 1994 foi saudada com vivas pelos deputados, que aplaudiram a promessa e o simbolismo do momento (Walker, 2005:817).

A Lei de Restituição de Direitos sobre a Terra (No. 22 de 1994) foi promulgada para orientar a implementação do programa de restituição e dar-lhe uma base legal (Cliffe, 2000). Desde a sua promulgação em finais de 1994, a lei tem sido a base para a restituição - o principal programa de reforma agrária do governo liderado pelo ANC (Westaway e Minkley, 2003:2). De acordo com Roodt (2003), a lei baseia-se principalmente na Constituição Provisória e foi alterada em 1997 para a harmonizar com a Constituição de 1996. Foram efectuadas outras alterações após a revisão ministerial de 1998 (Roodt, 2003). Westaway e Minkley (2003:2) descrevem-na assim:

> A Lei de Restituição de Direitos sobre a Terra foi redigida como um ato legislativo de grande alcance e abrangência. A sua limitação mais controversa é que só se aplica à desapropriação que foi efectuada após a aprovação da Lei de Terras de 1913. Mas aplicava-se amplamente à desapropriação de direitos à terra efectuada através de processos discriminatórios no período de 1913-1994 (Westaway e Minkley, 2003:2).

As reivindicações de terras são tratadas pelo Tribunal de Reivindicações de Terras e pela Comissão de Reivindicações de Terras, que foram criados nos termos da Lei de Restituição dos Direitos de Terra (Bosman,

2007:05). De acordo com Roodt, houve uma série de motivações para a criação de um Tribunal de Reivindicação de Terras na África do Sul. Grande parte da reflexão inicial foi feita por um grupo de indivíduos de organizações académicas, jurídicas e cívicas sob os auspícios do Centro de Estudos Jurídicos Aplicados (CALS) da Universidade de Witwatersrand (Roodt, 2003:11).

A restituição envolve normalmente uma série de componentes (Roodt, 2003:6):

- A restauração de um direito;
- A restituição dos bens materiais perdidos e/ou
- A indemnização das vítimas;
- A reconciliação entre as vítimas e os autores/beneficiários da expropriação original;
- A expetativa de que o processo de restituição contribua de alguma forma para a elevação e o desenvolvimento económico.

Kepe et al. (2003) notam que a Lei de Restituição de Direitos de Terra foi emendada em 1997, permitindo aos requerentes o acesso direto ao Tribunal de Reivindicações de Terra e dando ao Ministro dos Assuntos de Terra o poder de resolver administrativamente as reivindicações não contestadas, em vez de ter de submeter todas as reivindicações a uma decisão judicial. Em 1998, um processo de revisão da restituição, iniciado pelo Ministro dos Assuntos Fundiários, permitiu uma maior integração da Comissão para a Restituição dos Direitos Fundiários e do Departamento dos Assuntos Fundiários (Kepe et al., 2003:6). Contudo, estes desenvolvimentos não foram isentos de problemas, como Carruthers observa: Embora a legislação encoraje parcerias e negociações amigáveis, estas são de facto frequentemente comprometidas pelo processo divisivo de recolha de provas' (Carruthers, 2007:298).

Quais foram os progressos registados em termos de restituição de terras? Kleinbooi resume a situação em março de 2009:

> Em março de 2009, apenas 5,3 milhões dos 24,6 milhões de hectares previstos (5,2%) tinham sido transferidos através dos vários programas de reforma agrária, incluindo a restituição. Mais de 4000 pedidos de restituição rural apresentados não tinham sido processados até 2009 e o programa de restituição enfrentava muitos desafios na resolução dos pedidos de indemnização, em especial no que se refere a terras de elevado valor. A inadequação das dotações orçamentais, os prazos irrealistas e a falta de apoio adequado aos beneficiários da reforma agrária após a instalação continuaram a dificultar as componentes de redistribuição e de restituição do programa de reforma agrária (Kleinbooi, 2010:43-4).

A falta de apoio pós-instalação para os beneficiários da terra é evidente no caso das duas explorações de caça beneficiadas que são o foco desta tese.

A última secção deste capítulo reúne a literatura sobre gestão de recursos com base na comunidade e reforma agrária, para destacar os debates em torno da resolução de reivindicações de terras de comunidades despossuídas para terras de conservação da natureza.

2.4 Conservação da natureza e reivindicações de terras na África do Sul

Esta secção da revisão da literatura analisa as reivindicações de terras em áreas protegidas e o procedimento seguido na resolução de reivindicações de terras em áreas de conservação estatais no contexto sul-africano. São examinados os debates que daí resultaram. Uma ideia crucial aqui é a das parcerias público-privadas e como estas são incorporadas na ideia de CBC e reforma agrária. Kepe (2008:312) salienta que, em quase todos os casos, foram criados acordos de cogestão entre os requerentes bem sucedidos e as autoridades de conservação relevantes, na sequência da resolução de reivindicações de terras em áreas protegidas.

Como Ramutsindela (2003) salienta, a história das remoções forçadas para conservação constitui uma vertente da história da desapropriação de terras na África Austral. Fabricius et al. (2001), escrevendo no contexto da África Austral, salientam que o colonialismo e o apartheid desapossaram os povos africanos dos seus direitos à terra e que 'as áreas protegidas raramente foram estabelecidas em consulta com as comunidades locais... entre 1900 e 1990, milhões de cidadãos foram removidos à força de áreas proclamadas como reservas naturais, parques nacionais ou reservas de caça' (Fabricius et al., 2001:831). Como parte da *justiça social e ambiental*, as reivindicações de terras têm sido vistas como um dos mecanismos mais fortes para corrigir o equilíbrio de poder entre as comunidades e as autoridades de conservação (Reid, 2001:138).

Há um debate em curso na África do Sul sobre como gerir as reivindicações de terra nas áreas de conservação (AFRA, 2004b). Ramutsindela observa que as reivindicações de terra em terras de conservação se enquadram legitimamente na Lei de Restituição de Direitos de Terra (1994):

> É de salientar que a Lei da Restituição não especifica o tipo de terras ou áreas que podem ser objeto de reivindicações de terras. A lei diz respeito a todas as vítimas

de remoções por motivos raciais, tanto em zonas urbanas como rurais, incluindo as pessoas que foram removidas de áreas destinadas a parques nacionais e reservas naturais. Tais remoções não são exclusivas da África do Sul - constituem uma vertente da história da conservação da natureza em muitas partes do mundo (Ramutsindela, 2003:43).

O que é notável neste debate tem sido o lobby substancial para que as terras restituídas não sejam retiradas da gestão da conservação (Ramutsindela, 2002; AFRA, 2004b; Lahiff, 2009; Ngubane, 2011), o que significa que qualquer uso da terra que não seja a conservação é proibido como parte do acordo de resolução. De acordo com a AFRA (2004b), as reivindicações de terra em áreas de conservação proclamadas estão a ser tratadas nos termos do Memorando do Conselho de Ministros para a Resolução de Reivindicações de Restituição em Áreas Protegidas e Florestas Estatais sob o Governo Nacional. O memorando do Conselho de Ministros estabelece os critérios que o Estado usará na resolução das reivindicações de terra e contém os seguintes pontos (AFRA, 2004b:18):

2.4.1 A conservação tem sido vista como uma questão de preservação e privilégio dos brancos;

2.4.2 A restituição deve incluir oportunidades económicas e reparação;

2.4.3 A conservação é uma questão de gestão da terra (uso da terra) e não uma questão de propriedade da terra. [ênfase adicionada].

De acordo com a AFRA (2004b), podem ser colocadas condições restritivas sobre a terra, tal como consagrado no Memorando. O Memorando reconhece que a ocupação de terras de conservação é teoricamente uma opção viável, mas certamente não é uma opção preferida (AFRA, 2004b). Um exemplo típico da África do Sul é a reivindicação de terra Makuleke na província do Limpopo que foi resolvida como um Ato de Concessão assinado a 30 de maio de 1998, numa cerimónia realizada em Ntlaveni (Ramutsindela, 2002). Um Ato de Concessão significa que os Parques Nacionais Sul-Africanos (SANP) concedem a propriedade à comunidade Makuleke na condição de não haver mineração, agricultura ou habitação permanente sem a autorização da SANP (Ramutsindela, 2002). O compromisso alcançado entre a SANP (incluindo os departamentos estatais) e os Makuleke em 1998 foi que os Makuleke podiam reclamar a restauração dos direitos à terra no Pafuri na condição de utilizarem a área para ecoturismo (conservação em geral)' (Ramutsindela, 2002:22). Tanto Makuleke como Dwesa-Cwebe no Cabo Esterno foram 'devolvidos' às comunidades em termos de acordos que insistem na continuação da gestão da conservação (Manjengwa, 2006). Nas palavras de Walker, 'Esta política tem como objetivo combinar a propriedade formal das áreas protegidas por parte dos requerentes com a continuação do estatuto de conservação das suas terras, através de parcerias entre as entidades requerentes e as agências de conservação nacionais ou provinciais' (Walker, 2008:110).

De acordo com Walker (2008:215), uma proporção substancial da terra que foi restituída em KwaZulu-Natal e na Província do Norte é terra de conservação, que, em termos da atual política de restituição, deve permanecer designada como 'áreas protegidas', portanto, não legalmente disponível para uso pelos requerentes para fins residenciais ou agrícolas. Lahiff faz uma observação semelhante:

> Grande parte das terras transferidas (ou "entregues", para usar o termo oficial) no âmbito do programa de restituição foi transferida apenas em propriedade nominal, uma vez que permanece incorporada em reservas naturais e florestas estatais e, nos termos dos acordos de restituição, não está acessível para utilização direta pelos proprietários restaurados (Lahiff, 2009:98).

Existem várias opções ou modelos a adotar para a gestão de áreas protegidas "propriedade da comunidade", incluindo estruturas de cogestão e acordos que prevêem a transferência de competências quando os requerentes não estão "preparados" para assumir as suas responsabilidades de gestão (AFRA, 2004b). Como se explica mais adiante nesta análise, a Lei da Propriedade Comunitária é crucial para a restituição de terras, pois permite que as comunidades (beneficiários da terra) estabeleçam uma Associação de Propriedade Comunitária (CPA), através da qual podem adquirir, deter e gerir a propriedade comunitariamente (Reid, 2001).

2.4.4 "Restituição" ou não?

A AFRA (2004b) salienta que a experiência de restituição das comunidades tem sido tanto positiva como negativa. O caso Makuleke é muitas vezes citado como um sucesso, mas não foi isento de problemas, e o mesmo pode ser deduzido sobre os grupos reclamantes no Cabo Oriental (AFRA, 2004b). Ramutsindela argumenta que, 'Em grande medida, a resolução da reivindicação de terra Makuleke através da Escritura de

Concessão não aborda efetivamente os padrões raciais de propriedade da terra' (Ramutsindela, 2002:22). A comunidade Makuleke permanecerá na área de reassentamento de Ntlaveni, embora os seus direitos à terra estejam dentro do Kruger

Parque Nacional (Ramutsindela, 2002). Kepe et al. sentem que 'Embora possam ter ganho os seus direitos à terra no papel, na prática as comunidades locais estão muitas vezes à mercê das agências de conservação que tendem a perseguir objectivos de conservação e a prevenção do uso consuntivo dos recursos naturais a todo o custo' (Kepe et al., 2003:14).

Uma questão radical colocada por Ramutsindela (2002); AFRA (2004b) e Walker (2008) é a de saber se isto é de facto restituição, tendo em conta o lobby envolvido para chegar a um "consenso" que restringe a ocupação por parte dos beneficiários da terra. Este facto parece pôr em causa a legitimidade do próprio processo de restituição. O escrutínio centrou-se particularmente na dinâmica de poder entre as autoridades de conservação e os "beneficiários de terras de conservação" no que diz respeito a negociações justas e ao espaço limitado de escolha para os beneficiários se retirarem da conservação (AFRA, 2004b). Além disso, a AFRA (2004b) salienta que a conservação pode nem sempre ser uma opção de restituição viável para os beneficiários de terras, porque há circunstâncias em que a conservação não maximiza os potenciais benefícios económicos e de subsistência disponíveis para os requerentes (AFRA, 2004b). Nas palavras de Walker, se 'a propriedade sem direitos de colonização será sentida como uma reparação é outra questão' (Walker, 2008:221).

2.4.5 Parcerias público-privadas na conservação de base comunitária

Esta secção começa por discutir as Parcerias Público-Privadas (PPP) em geral e depois passa a discutir como o discurso das PPP é conceptualizado na conservação de base comunitária. As PPPs são empreendimentos cooperativos entre o Estado e empresas privadas (Linder, 2007). A parceria P-P é frequentemente vista como um derivado do movimento de privatização, que cativou os líderes conservadores nos regimes liberais ocidentais de ambos os lados do Atlântico durante grande parte da década de 1980' (Linder, 2007:36). As PPP estão ligadas à ideia mais ampla de privatização, que surgiu como um conceito global, particularmente nos Estados ocidentais, como resposta à incompetência dos governos, uma vez que se defendia que o sector privado podia fazer um melhor trabalho na consolidação da prestação de serviços (Brinkerhoff, 2002).

Os defensores da ideia de PPP promovem-na "como o epítome de uma nova geração de reformas de gestão, especialmente adequada aos imperativos económicos e políticos contemporâneos de eficiência e qualidade" (Linder, 2007:35). A ideia era (é) que os fornecedores privados forneceriam bens e serviços de maior qualidade a um custo mais baixo, e o sector governamental dos fornecedores públicos (prestação de serviços) diminuiria em conformidade (Linder, 2007). A caraterística distintiva da parceria é a cooperação e não a concorrência, "uma empresa comum que reparte os riscos financeiros entre os sectores público e privado" (Linder, 2007:36). As empresas comuns destinam-se a estabilizar mercados instáveis e trabalham para reduzir as pressões competitivas e não para as explorar (Linder, 2007).

Agora que se estabeleceu um entendimento mais amplo das parcerias público-privadas, joint ventures e afins, a atenção passará a centrar-se na forma como essas ideias e conceitos se enquadram no discurso do CBC. Os críticos argumentam que 'não só muitos destes esquemas são mal concebidos, como também falham em ambas as frentes; incapazes de conservar efetivamente a biodiversidade e acarretando custos elevados para as populações locais' (Brown, 2002:07). Para Kepe et al., 'É preciso perguntar se a tentativa de conciliar os direitos à terra e a conservação em África não é complicada pelo facto de a luta ser entre o Estado poderoso (e outros interesses) e os pobres rurais' (Kepe et al. 2003:05).

Ashley e Jones (2001:407) definem as joint ventures entre a comunidade e o sector privado como 'uma relação contratual entre uma comunidade ou instituição local e um investidor privado, para trabalharem em conjunto no estabelecimento e exploração de uma única empresa de turismo ou de caça'. Em antigos contextos coloniais onde as reivindicações de terra estão a ser bem sucedidas, esta é uma forma cada vez mais popular de 'cogestão' dos recursos naturais:

> Com a crescente aceitação internacional dos direitos dos aborígenes, muitos parques nacionais contratuais estão a emergir de processos de reivindicação de terras altamente políticos que resultam em reformas agrárias e consequentes alterações de propriedade. Os parques nacionais contratuais têm a sua história mais longa na Austrália, onde a Lei dos Direitos das Terras Aborígenes (Território do Norte) de 1976 concedeu o título de certas áreas no Território do Norte a proprietários aborígenes tradicionais (Reid et al., 2004:379).

Ashley e Jones (2001:408) salientam que "no Zimbabué, no Botsuana e na Namíbia, as empresas comuns entre as comunidades rurais e o sector privado foram desenvolvidas no contexto do programa nacional de CBNRM". Isto é diferente da África do Sul, onde as joint ventures foram em maior medida impulsionadas pelo programa de reforma agrária, tanto na agricultura comercial como na caça/pecuária. Por outras palavras, foi o processo de reforma agrária que deu origem aos programas de CBNRM na África do Sul, através de vários acordos de gestão e parcerias que os beneficiários das terras têm com o sector privado, particularmente com as indústrias da caça e do turismo.

A maior parte das empresas comuns no âmbito do programa de reforma agrária tiveram um enfoque agrícola em relação à agricultura comercial de grande escala. Muitas vezes, estas empresas envolvem antigos proprietários de terras, agora reconstituídos como "mentores" agrícolas e peritos em desenvolvimento, juntamente com parceiros negros" (Walker, 2008:217). Paralelamente a estes desenvolvimentos, tem havido o surgimento de parcerias de conservação da natureza entre beneficiários de terras de conservação da natureza e o sector privado, particularmente a indústria da caça ou do turismo.

Os parques nacionais contratuais estão a tornar-se cada vez mais populares na África do Sul como um modelo através do qual se espera que a conservação da natureza e as necessidades de desenvolvimento social e rural possam ser satisfeitas em simultâneo (Reid, 2001).

> Na sequência da resolução de quase todas as reivindicações de terras nas áreas protegidas da África do Sul, foram criados acordos de cogestão entre as autoridades de conservação competentes e os requerentes de terras bem sucedidos. É importante notar que, embora alguns funcionários envolvidos na gestão de áreas protegidas afectadas por reivindicações de terras prefiram usar conceitos como gestão conjunta e participação dos requerentes, em vez de cogestão, na política e na prática não há diferença entre eles (Kepe, 2008:312).

A cogestão é a filosofia de conservação da natureza atualmente utilizada para conciliar as reivindicações de terras nas áreas protegidas na África do Sul e é, sem dúvida, modelada a partir da versão utilizada na gestão dos recursos naturais a nível mundial, nas pescas, na silvicultura e na conservação da biodiversidade (Kepe, 2008). Os defensores argumentam que a cogestão é eficiente porque evita as limitações da gestão estatal, ao mesmo tempo que ultrapassa os problemas da gestão exclusivamente privada ou da gestão exclusivamente comunitária. Por exemplo, a capacidade limitada de aplicação das instituições **comunitárias** e a compreensão limitada das condições locais por parte do Estado - deficiências que prejudicam seriamente a gestão ambiental tanto a nível estatal como local - podem ser resolvidas através da combinação dos conhecimentos e dos pontos fortes de vários parceiros (Isaacs e Mohammed, 2000:2).

Como observam Ashley e Jones, 'uma vasta gama de empreendimentos conjuntos está a desenvolver-se em terras comunais dentro de áreas protegidas, e em terras que os residentes reclamaram (através do processo de reivindicação de terras) de dentro de áreas protegidas, e que as comunidades escolhem manter sob uso da fauna bravia' (Ashley e Jones, 2001:410). No entanto, no que diz respeito às comunidades *que escolhem* manter as suas terras sob uso da fauna bravia/conservação, é discutível se comunidades como os Makuleke 'escolheram' estar numa empresa comum, ou se foram basicamente forçadas a isso, uma vez que os seus direitos à terra lhes foram negados ao serem proibidas de ocupar o seu pedaço de terra dentro da área de Pafuri do Parque Nacional Kruger (Ramutsindela, 2002).

Para Kepe, embora os requerentes rurais pobres possam 'optar por desistir da sua terra recentemente adquirida para conservação, há razões para duvidar que haja sempre consenso sobre tais questões' (Kepe, 2008:18). Para além do facto de a comunidade poder optar por manter a terra sob conservação, a redação destes documentos tende a exacerbar a confusão sobre os direitos de posse da terra e dos recursos (Kepe, 2008:18), e talvez isto não seja surpreendente dado o baixo nível de alfabetização dos habitantes das quintas e das comunidades rurais. Spierenburg et al. e Ramutsindela concordam. Embora a reivindicação de terra de Makuleke tenha sido bem sucedida, foram impostas várias condições para a restauração da propriedade da terra" (Spierenburg et al., 2008:92). Em grande medida, a resolução da reivindicação de terra Makuleke através da Escritura de Concessão não aborda efetivamente os padrões raciais de propriedade da terra" (Ramutsindela, 2002:22).

Embora a tomada de decisão conjunta se tenha tornado uma norma para lidar com conflitos de terras e parques, ela é mal compreendida. Os conflitos surgem frequentemente devido às relações de poder inerentemente desiguais entre a população local e o governo e as agências de conservação envolvidas na tomada de decisões conjuntas (Kepe et al., 2003:20).

> Embora se deva reconhecer que a biodiversidade é um imperativo nacional e internacional, o atual modelo de cogestão tem enfatizado os interesses de conservação em detrimento dos direitos à terra dos requerentes. Se for este o caso, então a reforma agrária como política governamental chave enfrenta mais desafios, talvez incluindo a sua própria legitimidade dentro de certas agências governamentais (Kepe, 2008:319).

Spierenburg et al. (2008), escrevendo no contexto das áreas de conservação transfronteiriças (também incorporadas na ideologia do CBC), advertem que, para compreender os resultados locais, é importante observar as diferenças entre o poder e as capacidades dos diferentes actores envolvidos. Os críticos observam que as relações de poder, impulsionadas por conflitos de interesses, entram inevitavelmente em jogo entre os actores destas joint ventures.

Por exemplo, Dzingarai (2003) identifica factores dentro do programa do Zimbabué que sugerem relações pouco saudáveis entre o safari de caça apoiado pelo Estado e as comunidades indígenas dentro das áreas CAMPFIRE. As empresas de caça e o Estado dividem igualmente os lucros derivados da vida selvagem, e pouco beneficiam as comunidades. Mesmo que estas recebam uma parte, esta é normalmente limitada por condições que marginalizam ainda mais os pobres rurais (Dzingarai, 2003). Esta análise corresponde aos conhecimentos de Few (2001) relativamente à ideia de 'contenção'. Este conceito transmite a capacidade e o poder por parte dos conservacionistas da natureza, funcionários do governo, empresas de caça e similares, para controlar (conter) as comunidades rurais em nome da conservação da natureza. Brown (2002:11), baseando-se em Few (2001), concorda e identifica a forma normal de participação na planificação da conservação como 'contenção', em que o envolvimento público é gerido estrategicamente para evitar conflitos e dissidências e, na realidade, para exercer controlo sobre o conhecimento (competências) e a ação. De acordo com Dzingarai (2003:254), 'as organizações ambientais usaram os seus recursos para cooptar as pessoas para a gestão comunitária da fauna bravia'.

É digno de nota o facto de que quando as comunidades são maltratadas pelo estado e pelas empresas privadas, as organizações ambientais muitas vezes permanecem em silêncio (Dzingarai, 2003). 'Não só não apoiam as pessoas, como as organizações ambientalistas por vezes juntam a sua voz à do Estado e das empresas privadas em termos de como a vida selvagem deve ser usada' (Dzingarai, 2003:254). Dzingarai (2003) observa que estas novas parcerias estão a limitar os direitos consuetudinários dos aldeões à terra e a perturbar as estratégias familiares existentes organizadas em torno desses direitos. A participação é frequentemente utilizada como parte de um processo de gestão de cima para baixo que inclui as pessoas em formas passivas de cooptação e consulta em vez de agentes activos" (Brown, 2002:11). Na maioria dos casos, 'As questões de poder, a participação das mulheres, a capacidade de participar ativamente na gestão da operação não são tratadas adequadamente' (AFRAb, 2004:32).

Kepe (2008) identifica três circunstâncias em que a cogestão dos recursos naturais é suscetível de ser problemática como estratégia para a resolução dos direitos fundiários. Trata-se de casos em que:

(i) a motivação para a cogestão decorre de uma preocupação com a sustentabilidade dos recursos naturais,

(ii) a motivação da cogestão é uma forma de o Estado ganhar legitimidade através da participação das populações locais, e

(iii) o Estado ou as suas agências são os iniciadores e os principais actores nos acordos de cogestão (Kepe 2008:314).

É claro que estes desafios não são exclusivamente africanos. Brown (2002:11), baseando-se em Castro e Nelson (2001), usa exemplos do Canadá, Índia e Bangladesh para mostrar problemas semelhantes. Talvez o cerne da questão seja que, 'as comunidades com direitos legais sobre bens valiosos podem ainda ser fracas na negociação em comparação com o sector privado, que tem mais capital, conhecimento e perícia' (Ashley e Jones, 2001:422).

Kepe (2008:319) afirma que '...dada a ambiguidade dos acordos de resolução em reivindicações de terras que afectam áreas protegidas, pode especular-se que estas ambiguidades servem os interesses de certos círculos eleitorais, incluindo agências estatais'. Conclui que se pode argumentar que a atual cogestão em áreas protegidas reivindicadas se qualifica como 'cogestão baseada em crises' e que é necessária uma nova abordagem:

> O que é necessário é repensar seriamente as abordagens para conciliar a reforma agrária e a conservação, incluindo políticas flexíveis que incluam outras utilizações alternativas da terra para além do ecoturismo, e estratégias bioregionais mais amplas para a conservação que olhem para além das áreas protegidas em termos de planeamento, conservação e desenvolvimento económico (Kepe et al., 2003:21).

No que diz respeito a soluções, Kepe (2008) destaca a necessidade urgente de investir na reflexão sobre um novo modelo que considere questões de acordos apropriados de partilha de poder e que dê uma voz real aos proprietários de terra (beneficiários da terra), se alguma vez a conservação **baseada** na comunidade tiver alguma hipótese significativa de conciliar os direitos à terra com a conservação da biodiversidade. Brown concorda:

> Assim, são necessárias novas instituições. Estas instituições incluem nova legislação e políticas, reorganização do governo e organização da sociedade civil, e novas parcerias entre organizações. Por exemplo, organizar os departamentos governamentais de modo a que a conservação ambiental, o desenvolvimento económico e os serviços sociais possam ser coordenados (Brown, 2002:15).

Além disso, Ashley e Jones (2001) sublinham como solução a necessidade urgente de criar ou apoiar instituições comunitárias sólidas com direitos legais sobre a terra e os recursos, nos casos em que as empresas comuns estão a ser desenvolvidas em terras comunitárias. Pelo menos a África do Sul está a avançar nessa direção através da Lei da Propriedade Comunal, ao abrigo da qual as comunidades (beneficiários da terra) podem estabelecer uma CPA através da qual podem adquirir, deter e gerir a propriedade em comum (Reid, 2001). As relações de posse precisam de ser analisadas cuidadosamente:

> É necessário um ambiente político favorável, onde os direitos fundiários sejam claros e a posse seja segura - e onde a administração fundiária seja democrática e eficiente - para permitir uma participação significativa e o empenhamento na gestão dos recursos naturais por parte dos beneficiários da reforma fundiária (Manjengwa, 2006:16).

De acordo com Ashley e Jones (2001), a solução deve ser parcialmente procurada na facilitação externa para abordar as relações de poder decorrentes da falta de experiência e compreensão da 'indústria da conservação' por parte das comunidades rurais. Além disso, a facilitação é relevante para que todos os interessados desenvolvam uma maior compreensão das necessidades, receios e aspirações uns dos outros (Ashley e Jones, 2001). A política e a legislação nacionais também podem desempenhar um papel facilitador ou restritivo, por outras palavras, o êxito depende em parte da vontade política do governo de um determinado país (Ashley e Jones, 2001). É improvável que uma empresa comum possa ser reproduzida noutros locais, mas podem ser retiradas lições das que têm êxito" (Ashley e Jones, 2001:423). A AFRA observa que 'há exemplos em que as empresas comuns e os sistemas de participação no capital estão a ter um impacto positivo nos meios de subsistência' e sublinha que, nesses exemplos, 'tem de haver um forte sentido de confiança e transparência com um verdadeiro empenho na capacitação e no reforço das capacidades' (AFRAb, 2004:33). Kepe (2008:317) concluiu simplesmente que, 'o argumento aqui é simples: se os diferentes intervenientes ou parceiros num acordo de cogestão tiverem uma visão comum, há mais possibilidades de todas as partes, incluindo a população local, contribuírem para um objetivo comum'.

Ao refletir sobre a cogestão e a cooperação transfronteiriça, subsiste um outro problema que será brevemente abordado nos parágrafos seguintes.

2.4.6 A crítica da "comunidade mítica

> Um vasto conjunto de trabalhos relacionados com a diferença social tem realçado as formas como a casta, a riqueza, a idade, as origens e outros aspectos da identidade social dividem e atravessam as chamadas fronteiras da comunidade... Uma atenção séria à diferença social e às suas implicações tem estado notavelmente ausente da recente onda de preocupação com a "comunidade" nos debates políticos (Leach et al.,1999:230).

King (2007) salienta que, ao mesmo tempo que toda a excitação e entusiasmo pela CBC, tem havido um surgimento de críticas mais sóbrias. Algumas delas coincidem com outras pesquisas que apontam que tais iniciativas têm um entendimento simplista de 'comunidade', e que esse entendimento simplista muitas vezes molda as formas como a conservação comunitária é implementada e avaliada (King, 2007). As comunidades rurais pobres são frequentemente entendidas como sendo homogéneas e, até certo ponto, igualitárias (Leach et al., 1999; Brown, 2002; Agrawal e Gibson, 2004; King, 2007). Na maioria dos casos, o debate académico e a ação sobre o assunto ocorrem a partir de uma posição distanciada, longe das comunidades em questão. Tal como os académicos, incluindo os geógrafos humanos e os antropólogos, salientaram, esses "crimes" são geralmente cometidos por pessoas de fora, quer sejam decisores políticos, académicos e activistas da terra e do ambiente, desde a arena internacional à nacional.

King afirma que deve ser dada muita atenção à compreensão da forma como 'a diferenciação social molda os impactos e os pontos de vista do planeamento da conservação' (King, 2007:208). Ou seja, 'Apresentar as comunidades como homogéneas obscurece a diferenciação social que existe em contextos específicos, que subsequentemente molda a eficácia do desenvolvimento e implementação do projeto' (King, 2007:209).

Brown sugere que os principais interessados em projectos de CBC são muitas vezes invisíveis para os planeadores do projeto. Uma forma concetualmente mais útil de compreender os actores que influenciam e são influenciados ou afectados pelas iniciativas de conservação **baseadas** na comunidade exige uma *análise* mais rigorosa dos intervenientes que possa identificar quais os actores que são intervenientes chave. Agrawal e Gibson concordam e sugerem que se centre mais nas instituições do que nas comunidades:

> A comunidade deve ser examinada no contexto do desenvolvimento e da conservação, centrando-se nos múltiplos interesses e actores dentro das comunidades, na forma como estes actores influenciam a tomada de decisões, e nas instituições integrais e externas que moldam o processo de tomada de decisões. É provável que um enfoque nas instituições em vez de na 'comunidade' seja mais frutífero para os interessados na gestão dos recursos naturais com base na comunidade (Agrawal e Gibson, 2004:151).

Agrawal e Gibson acusam os profissionais, bem como muitos académicos na área da cooperação transfronteiriça, de "uma preocupação generalizada com aquilo *a* que se pode chamar "*a comunidade mítica*": grupos pequenos e integrados que utilizam normas desenvolvidas localmente para gerir os recursos de forma sustentável e equitativa" (Agrawal e Gibson, 2004:165). De facto, tais comunidades são muito raras, se é que existem. A preocupação com a 'comunidade mítica' não consegue atender às diferenças importantes que existem em qualquer comunidade. Ignora como as diferenças afectam os processos em torno da conservação, bem como ignora 'o acesso diferencial dos actores dentro das comunidades a vários canais de influência, e a possibilidade de "alianças em camadas" que abrangem vários níveis de política' (Agrawal e Gibson, 2004:165-6).

King (2007) aprofundou estas questões usando um estudo de caso da reserva de caça Mahushe Shongwe, o primeiro projeto de conservação na antiga terra natal dos KaNgwane. As suas conclusões demonstram que os indivíduos e agregados familiares dentro da comunidade fazem uso de uma vasta gama de estratégias de subsistência que contribuem para moldar as formas como se envolvem e beneficiam da conservação e do desenvolvimento. King (2007) insiste que a diferenciação social no seu estudo de caso mostra que os projectos de conservação e desenvolvimento não têm um impacto único sobre um conjunto unificado de agregados familiares:

> Os residentes da comunidade vêem a reserva em termos surpreendentemente diferentes, desde o seu impacto no acesso material aos recursos ambientais, incluindo benefícios educacionais e de conservação, e oportunidades de capacitação e recreação (King, 2007:217).

A relevância desta questão para o presente estudo é óbvia. No domínio da cinegética comunitária, o que é que a crítica da "comunidade mítica" tem a dizer sobre os beneficiários fundiários das explorações cinegéticas na sequência da reforma agrária? O que é que ela nos diz sobre a perceção do DLA (agora Departamento de Desenvolvimento Rural e Reforma Agrária) em relação a este tipo particular de beneficiário da terra e em relação aos beneficiários da terra em geral? Serão as "comunidades" de beneficiários fundiários homogéneas pelo simples facto de serem beneficiários fundiários?

2.5 Conclusão

Os temas delineados na revisão da literatura acima estão interligados e são desdobrados na operação das duas fazendas de caça comunitárias em estudo. Uma vez que o objetivo geral do estudo é investigar as principais dinâmicas sociais e políticas envolvidas na aquisição de explorações cinegéticas por beneficiários da reforma agrária (e as "explorações cinegéticas comunitárias" daí resultantes), o primeiro aspeto da revisão da literatura introduziu a Conservação de Base Comunitária (CBC). Os académicos salientam que a CBC vai para além das escolhas técnicas ou das mudanças nas leis ou na organização formal; é parte integrante de processos mais amplos de mudança social, de justiça ambiental e social e de tentativas de redistribuição do poder social e político (Hulme e Murphree, 2001), o que serviu para alargar a nossa compreensão da CBC e da sua ligação com a reforma agrária, particularmente na África do Sul. Em seguida, foram apresentados os debates em torno da reforma agrária na África do Sul. O terceiro aspeto da revisão da literatura delineou o processo envolvido na resolução de reivindicações de terra em terras de conservação da natureza no país, e explorou as implicações das parcerias público-privadas (comanagement) resultantes. Todos os temas discutidos na revisão da literatura estão interligados e desdobram-se no funcionamento das duas explorações de caça comunitárias em estudo, a Nqabayamaswazi Game Farm e a Ngome Community Game Reserve.

Capítulo 3

Os chefes e a reforma agrária na África do Sul

3.1 Introdução

O facto de as duas comunidades em estudo serem lideradas por líderes tradicionais acrescenta uma dimensão intrigante ao estudo e também requer uma fundamentação teórica inserida na literatura sobre líderes tradicionais no contexto histórico e contemporâneo da África do Sul. Muito se tem dito sobre a liderança tradicional e o seu carácter 'antidemocrático' (Ntsebeza, 2005). Este capítulo contribui para este debate, explorando o papel dos Amakhosi (chefes) no contexto da reforma agrária pós-apartheid e da caça 'comunitária', vista no contexto histórico. Assim, é importante refletir sobre a dinâmica histórica dos chefes em relação aos seus súbditos durante o colonialismo e o apartheid. Isto significa explorar a literatura sobre liderança tradicional no contexto colonial, traçando-a até à África do Sul contemporânea. O capítulo termina com uma breve discussão sobre a dinâmica política específica da liderança tradicional em KwaZulu-Natal. Isto serve para fornecer o pano de fundo contra o qual o atual envolvimento dos Amakhosi na reforma agrária e nos CPAs deve ser compreendido e explicado. O capítulo ajudará a elucidar o que Fraser (2007) quis dizer quando se referiu à instituição da liderança tradicional como um "presente colonial" na era da democracia.

3.2 Liderança tradicional no passado colonial da África do Sul

> O passado colonial da África do Sul é um contexto inseparável da questão contemporânea da terra. Os colonos europeus, apoiados por um governo exclusivamente branco, apoderaram-se de vastas áreas de terra dos africanos antes e depois da Lei das Terras dos Nativos, de 1913, que marcou o início da história das reivindicações de direitos de restituição (Fraser, 2007:839).

A tarefa do governo colonial **exclusivamente** branco, através das suas primeiras políticas segregacionistas, era também determinar o destino dos líderes tradicionais e dos seus súbditos. A citação que se segue resume a história não só da África do Sul, mas também do continente africano em geral, e presta atenção às estratégias empregues pelas administrações coloniais (sobretudo britânicas) relativamente à chefia africana em diferentes locais e contextos do continente:

> Apesar de resistente, a instituição da chefia em todo o continente ostenta as cicatrizes da batalha de ter de se adaptar para sobreviver... Durante o período

colonial na África do Sul, os britânicos experimentaram dois sistemas contrastantes para governar as populações africanas indígenas. O primeiro consistia em tentar enfraquecer a instituição da chefia e governar através da burocracia colonial. Na África do Sul, este sistema foi tentado, por exemplo, no Cabo Oriental. O segundo sistema consistia em confiar nos chefes indígenas locais para administrar e controlar a população africana num sistema de 'governo indireto'. Este foi o sistema adotado no Natal Colonial pelo secretário dos Assuntos Nativos, Sir Theophilus Shepstone (1845-76) e ficou conhecido como o 'Sistema Shepstone' (Beall et al., 2005:760).

Quando o Governo Nacionalista chegou ao poder em 1948, adoptou uma abordagem conciliatória em relação à liderança tradicional, uma vez que esta já estava incorporada e se enquadrava bem nas ideias segregacionistas de 'desenvolvimento separado' (Beall et al., 2005). Tratou-se também de um movimento para consolidar o sistema de migração de mão de obra para a crescente economia industrial da África do Sul, uma vez que as áreas de autoridade tribal eram cruciais para o fornecimento de mão de obra (Ntsebeza, 2005). Na mesma linha, Hart baseia-se em Mahmood Mamdani para argumentar que a passagem da segregação para o apartheid, na sequência da vitória eleitoral do Partido Nacional em 1948, implicou duas medidas simultâneas destinadas a conter a escalada dos protestos urbanos: 'a reorganização do aparelho de "controlo nativo", tanto nas reservas como nas cidades urbanas; e as remoções forçadas para deslocar a população africana para as zonas rurais e incorporá-la em sistemas de governo consuetudinário' (Hart, 2002:68).

A Lei das Autoridades Bantu de 1951 foi uma das muitas leis que garantiram a continuidade dos chefes, quer legítimos quer impostos aos súbditos durante a era do apartheid (Ntsebeza, 2005). A maior parte dos comentadores recorre a Mamdani (1996) para elucidar a questão dos cidadãos e dos súbditos, segundo a qual os súbditos são regidos por leis diferentes das dos seus homólogos urbanos e a adoção de um regime indireto pelo governo do apartheid para "conter" a população rural africana (Ntsebeza, 2005). O argumento é que o governo do apartheid conteve/capturou o poder dos chefes para governar os seus súbditos nas áreas de autoridade tribal através do governo indireto (Beall et al., 2005; Ntsebeza, 2005).

Esta é a descrição do papel da liderança tradicional, frequentemente citada pelos críticos do carácter antidemocrático da instituição, que se baseia na sua natureza hereditária e, especialmente, no que diz respeito à postura "colaborante" que teve durante o colonialismo e o apartheid (Ntsebeza, 2005). Quando Fraser (2007) se refere à instituição da liderança tradicional como parte de um "presente colonial" na arena da reforma agrária, refere-se aos papéis ambíguos e "colaborativos" dos chefes durante o colonialismo e o apartheid, que foram transferidos para a era democrática. Considera que a sua incorporação no programa de reforma agrária é uma medida que aumenta o seu poder, que se deve à sua posição de colaborador durante o colonialismo e o apartheid.

3.3 Debates sobre a liderança tradicional na África do Sul pós-apartheid

> A África do Sul não é o único país a ter de incluir a liderança tradicional na sua constituição democrática, uma vez que vários outros países africanos reconheceram o papel dos chefes logo após a independência do domínio colonial. Estes incluem o Botsuana, o Zimbabué, a Namíbia e o Uganda, entre outros (Sithole e Mbele, 2008:17-18).

Não só os países africanos, mas também muitos outros, têm-se debatido com o problema de lidar com as "autoridades tradicionais" ou com a governação consuetudinária de alguma forma e de as incorporar nos Estados democráticos modernos.

> A acomodação efectiva das populações aborígenes e das instituições indígenas nas estruturas formais de governação democrática é uma questão que tem atormentado sucessivas administrações em países tão diferentes como a Austrália e a Índia, pelo que, neste aspeto, a chefia africana não é excecional (Beall e Ngonyama, 2009:3)

Ao pensar na integração da liderança tradicional com a democracia, é evidente que a instituição da liderança tradicional é mutável e está sujeita a mudanças. Não é um 'anacronismo estático', mas carrega as cicatrizes da batalha de ter que se adaptar para sobreviver (Beall et al., 2005). Isto também é verdade na África do Sul. Ramutsindela salienta que o Capítulo 12 da Constituição da República da África do Sul reconhece a instituição, o estatuto e o papel dos líderes tradicionais de acordo com o direito consuetudinário. Para além disso, a Constituição prevê a incorporação dessa instituição a vários níveis de governo. Por exemplo, permite a criação de Câmaras de Líderes Tradicionais a nível nacional e provincial. Foi criada uma Casa Nacional dos Líderes

Tradicionais como órgão estatutário (Ramutsindela, 2001:77).

De acordo com Ntsebeza (2005), houve três factores intimamente ligados que levaram ao reconhecimento dos líderes tradicionais na África do Sul pós-apartheid. O primeiro foi a formação do Congresso dos Líderes Tradicionais da África do Sul, que actuou como um grupo de pressão para as autoridades tradicionais. Em segundo lugar, "houve o papel do Inkatha em KwaZulu-

Natal, especialmente o seu papel no conflito sangrento que envolveu a Frente Democrática Unida/ANC nos anos 80 e início dos anos 90' (Ntsebeza, 2005:258). Este conflito é analisado em mais pormenor na última parte do capítulo. Temia-se que desafiar diretamente este bloco de poder pudesse levar a mais derramamento de sangue. Em terceiro lugar, havia um contexto político e económico mais vasto em que a transição para a democracia estava a ter lugar, o qual, em grande medida, foi influenciado por tendências globais e continentais (Ntsebeza, 2005; Oomen, 2005). Estas tendências revelaram um afastamento do Estado em favor dos actores não estatais, à medida que estes assumiam cada vez mais o papel do governo central. O 'ressurgimento' da liderança tradicional também faz parte da ascensão dos direitos dos grupos em todo o mundo (Oomen, 2005).

No entanto, existe uma outra explicação, apresentada por Cliffe (2004). Cliffe analisa o ressurgimento da liderança tradicional do ponto de vista da reforma agrária e da administração fundiária, argumentando que "o ressurgimento da liderança tradicional na África do Sul é atribuível à conveniência do governo. O governo não pode permitir a participação da comunidade no âmbito do paradigma da transferência de terras. A administração da terra pelos chefes é, de longe, a opção mais barata' (Cliffe, 2004:356). Ele salienta que os chefes têm estado, na maioria dos casos, na vanguarda das reivindicações de terra e conclui que o governo não tinha outra opção senão trabalhar com os chefes. As estruturas existem de qualquer forma, por isso o governo chegou à conclusão que, 'não podemos vencê-los, porque não juntarmo-nos a eles'.

A manutenção dos chefes na África do Sul não foi uma conclusão precipitada, como salientam Beall e Ngonyama (2009):

> No entanto, nos primeiros anos da transição da África do Sul, a chefia foi objeto de um debate aceso e continua a ser uma questão controversa. A opinião popular dividiu-se em dois pontos de vista gerais: o primeiro era que a chefia funciona

como um travão à democracia duramente conquistada pela África do Sul e aos processos de consolidação democrática. A segunda era que a autoridade tradicional é parte integrante da cultura africana e constitui uma forma diferente, ou mesmo única, de democracia. No meio estavam os pragmáticos que acreditavam que a chefia deveria ser acomodada porque fazia parte do tecido institucional do país (Beall e Ngonyama, 2009:3).

Ntsebeza (2005), no seu livro intitulado *Democracy Compromised: Chiefs and the politics of the land in South Africa*, articulou claramente a sua posição contra a liderança tradicional, com base na sua natureza antidemocrática, assente no regime hereditário e no patriarcado. Outros críticos incluem o Legal Resources Centre, o Institute for Poverty Land and Agrarian Studies, activistas jurídicos e de género que contestaram publicamente a Lei-Quadro sobre Liderança Tradicional e Governação e a Lei sobre os Direitos Comunais à Terra, respetivamente, com base nos direitos humanos (Robins e van der Waal, 2008). Como afirma Williams:

> Estes debates foram intensos e puseram em evidência a natureza contestada do passado do apartheid. Por exemplo, os líderes tradicionais argumentaram que eram libertadores e protegiam as populações rurais das políticas mais perniciosas do Partido Nacional, em vez de serem fantoches do sistema do apartheid. Contrariamente às afirmações de que eram déspotas descentralizados, argumentavam que eram o último vestígio da autêntica democracia africana. E, em vez de lhes atribuírem funções cerimoniais e consuetudinárias, insistiam que deviam ajudar a administrar e a implementar projectos de desenvolvimento (Williams, 2009:195).

A fonte destes argumentos foi, obviamente, o Congresso dos Líderes Tradicionais da África do Sul e, mais tarde, a Casa Nacional dos Líderes Tradicionais (Ntsebeza, 2005).

3.4 Autoridades tradicionais na reforma agrária

É importante explorar a atitude do antigo Departamento de Assuntos Fundiários (agora Departamento de Desenvolvimento Rural e Reforma Agrária) em relação à chefia e ao seu papel como ministério, informado pela atitude mais ampla do governo liderado pelo ANC em relação à instituição da chefia. A secção seguinte apresenta uma breve panorâmica adaptada de Oomen (2005:72-4) para ilustrar as diferentes posições dos dois ministérios sucessivos do DLA após as eleições de 1994 e até ao início da década de 2000. Os ministérios, liderados pelos antigos ministros, Derek Hanekom e Thoko Didiza, respetivamente, mantiveram posições diferentes relativamente à instituição da chefia tradicional.

Oomen caracteriza o DLA sob a direção de Derek Hanekom como "os anos socialistas". Nessa altura, de 1994 a 1998, o DLA foi muito claro e enfático na sua política em relação à liderança tradicional. Como explica Oomen

> O governo estava interessado em alienar as terras que detinha em confiança, mas apenas às pessoas e não a instituições não democráticas que diziam representá-las... O primeiro instrumento legal desta ideia foi a Lei das Associações de Propriedade Comunal de 1996, que podia adquirir, deter e gerir propriedades sob a orientação de comités eleitos (Oomen, 2005:72).

Como resultado, a DLA enfrentou uma pressão acrescida dos líderes tradicionais ao longo dos três pilares do programa de reforma agrária (restituição, redistribuição e reforma da posse) (Oomen, 2005). Para elucidar a resposta do DLA ao seu atual braço de ferro com os chefes, Oomen (2005:73-4) cita um funcionário do DLA que disse o seguinte

> Normalmente, são os chefes que apresentam a queixa. Se essa reivindicação for validada, tentamos quebrar o poder do chefe, criando uma entidade legal como uma CPA. Sublinhamos constantemente que ele é um dos reclamantes e que a entidade jurídica terá um conselho de administração democraticamente eleito. Inicialmente, as pessoas protestam e defendem o chefe, mas explicamos-lhes como funciona e que podem, se quiserem, colocar o chefe à frente da direção. Depois, alargamos o poder, estendendo-o a todo o comité. Mas, no fim de contas, muitas reivindicações são "tribais" e está a ser muito difícil quebrar o poder dos chefes.

Este facto realça o papel de vanguarda dos chefes na reforma agrária e a tentativa do DLA de tentar diluir ou reduzir o poder dos chefes através da sincronização da instituição consuetudinária com os princípios democráticos, tal como acima se mostra. O que também se destaca é a dificuldade que o governo e o DLA, em particular, enfrentam para quebrar o poder dos chefes. Esta dificuldade não é, no entanto, surpreendente, tendo em conta a posição ambígua que a instituição da liderança tradicional manteve durante o colonialismo e o apartheid e na nova era da democracia.

Segundo Oomen, uma das razões que levou à nomeação de um novo ministro com raízes tribais (após as eleições de 1999) poderá ter sido a posição de Hanekom relativamente à liderança tradicional na reforma agrária. No entanto, é de salientar que o Ministro Thoko Didiza se concentrava mais na redistribuição das terras agrícolas e não tanto nos chefes, até que começaram a surgir 'sinais de fumo' do programa de reforma da propriedade, em particular das terras comunais (Oomen, 2005). Esta mudança de ênfase, caracterizada por Oomen como 'regresso às comunidades tradicionais', só aconteceu quando o Ministro foi forçado a considerar o papel dos chefes na gestão das terras comunais. Isto levou à promulgação da Lei da Liderança Tradicional, Governação e Quadro de 2004 (Lei TLGFA) e da Lei dos Direitos da Terra Comunitária (Lei CLARA) de 2004, respetivamente, mesmo antes das eleições de 2004 (Oomen, 2005). Alguns comentadores viram esta medida como uma estratégia política por parte do ANC para ganhar os votos dos chefes e dos seus súbditos nas eleições de 2004 (Ntsebeza, 2005).

Ambas as leis se concentram no poder dos chefes dentro dos limites das antigas terras natais e são omissas em relação aos beneficiários de terras fora destas áreas. Mas as leis são importantes na medida em que reflectem o discurso mais amplo sobre a chefia e a forma como esta é vista tanto pelos seus defensores como pelos seus críticos.

De acordo com Beall et al. (2005), a Lei-Quadro sobre Liderança Tradicional e Governação de 2004:

> ... validou o papel da chefia na administração local através da liderança dos conselhos tradicionais onde estes existem (principalmente nas zonas rurais) e aprovando o seu funcionamento juntamente com outras estruturas da administração local... Nos locais onde existem as antigas autoridades tribais, estabelecidas nos termos da Lei das Autoridades Bantu de 1951, estas serão simplesmente convertidas em conselhos tradicionais. [st]Isto reforça significativamente a autoridade dos chefes tradicionais e significa, de facto, que a legislação introduzida no século XXI dará vida perpétua a um sistema de 'governo indireto' que remonta à era colonial e que se ossificou durante o apartheid (Beall et al., 2005:763).

A Lei CLARA foi recentemente considerada inconstitucional por um tribunal (AFRA, 2010). Isto aconteceu depois de uma batalha judicial contra a lei que envolveu grupos de pressão, como o Centro de Recursos Jurídicos, que contestou com êxito a Lei CLARA em nome da comunidade Makuleke e outros (Robins e van der Waal, 2008). Mas se a CLARA não for implementada, a Lei TLGFA continua em vigor. A secção três desta lei deu origem a conselhos tradicionais sob os auspícios dos chefes tradicionais para administrar as terras comunais. E foram os chefes destes conselhos tradicionais criados pela Lei TLGFA que passaram a apresentar reivindicações de terra em áreas fora da antiga terra comunal, um tópico central para as preocupações desta tese e o foco da próxima secção.

De um modo geral, a perceção negativa do ANC em relação aos chefes mudou significativamente na era da democracia. Estavam em causa termos e condições, bem como compromissos por razões de conveniência política:

> Desde os primeiros dias da transição, quando o ANC decidiu alterar a sua política declarada em relação à chefia e atribuir-lhe um papel formal na nova dispensação, ficou claro que o preço desta acomodação era que a chefia tinha de ser 'transformada' de modo a torná-la consistente com a nova ordem democrática. No entanto, o que esta transformação implicaria não foi abordado até ao debate e aprovação da Lei TLGFA em 2003 - quase dez anos após as primeiras eleições livres na África do Sul (Williams, 2009:191-2).

A secção seguinte centra-se no papel dos Amakhosi em relação à terra beneficiada fora das antigas áreas de bantustão e das Associações Comunais de Propriedade associadas. A maior parte da literatura existente centra-se no papel dos chefes nas áreas comunais existentes e não necessariamente nas terras governadas por chefes fora dos limites das terras comunais (com exceção de Mathis 2007; Robins e van der Waal, 2008).

3.4.1 Chefes, terras beneficiadas e associações de propriedade comunal

> Por uma questão de política, todas as terras atribuídas ao abrigo do programa de reforma agrária, quer sejam propriedade do Estado ou privadas, são transferidas em título de propriedade livre para indivíduos ou, mais comummente, para estruturas empresariais que representam grupos de beneficiários - trusts ou associações de propriedade comunal (CPAs). Em conjunto, estas tendem a ser referidas como instituições de propriedade comunal (CPIs) ou, mais coloquialmente, "entidades legais" (Lahiff, 2009:93).

Pouca atenção tem sido dada ao papel dos chefes nas Associações de Propriedade Comunitária - ou seja, na gestão das terras dos beneficiários localizadas (por definição) fora das antigas áreas comunais. Pode argumentar-se que isto é, em certa medida, o resultado da preocupação do governo com o papel dos chefes na governação local e com a consolidação da democracia nas antigas pátrias onde residem as "comunidades" "tribais" e não necessariamente em terras fora dessas áreas. Isto não significa, contudo, que as autoridades tradicionais limitem a sua atenção às antigas áreas comunais - longe disso!

Por serem títulos de propriedade, as novas terras adquiridas (através da reforma agrária) distinguem-se das terras das chamadas terras comunais - as antigas pátrias - tanto pelo conteúdo (o facto de serem propriedade privada colectiva) como pela geografia (o facto de a maior parte destas terras se encontrar fora dos limites das áreas comunais).

Esta parte da revisão da literatura procura realçar o facto de os chefes terem estado na vanguarda de muitas reivindicações de terras e, em alguns casos, se terem mudado juntamente com os seus súbditos para terras recém-adquiridas fora dos limites originais das antigas pátrias. Devem ser levantadas questões críticas relativamente à governação dessas terras.

Será que se torna de facto terra comunal simplesmente porque é governada por um chefe, mesmo que esteja fora das áreas comunais convencionais? As terras fora dos limites das antigas terras de origem constituem a base deste estudo de investigação, uma vez que as comunidades envolvidas obtiveram o título sobre estas terras (as explorações de caça privadas que lhes foram atribuídas) através do processo de reforma agrária.

Antes de iniciar a discussão, é imperativo analisar a formação das CPAs, uma vez que estas evoluíram a partir dos Trusts. Qual foi o pensamento do antigo Departamento de Assuntos Fundiários (DLA) ao introduzir os CPAs como entidades detentoras de terras em nome dos beneficiários de terras? Tornou-se certamente a norma para os beneficiários de terras formarem CPAs que irão gerir as terras recém-adquiridas em seu nome.

É de notar que, em muitos casos, as CPAs são designadas localmente como Trusts - esta é simplesmente a terminologia utilizada, não se tratando necessariamente de Trusts no sentido formal (ou seja, instituições reguladas pelo Trust Property Control Act de 1998) (Lahiff, 2009). De facto, existe uma diferença fundamental entre Trusts e CPAs:

Os fundos fiduciários são uma instituição estabelecida há muito tempo (regida pela Lei 57 de 1998 sobre Propriedade Fiduciária) e foram criados para muitos projectos de reassentamento, mas são frequentemente considerados inadequados para projectos de reforma agrária porque atribuem a propriedade a não beneficiários (os fiduciários) que não são democraticamente responsáveis perante os beneficiários (DLA, 1997; CSIR, 2005 citado em Lahiff, 2009:97).

Os trusts são regulados solenemente pelo Mestre do Supremo Tribunal e não estão abertos à intervenção de órgãos estatais como a DLA (Lahiff, 2009). Reconhecendo esta dificuldade jurídica, a DLA desenvolveu um novo modelo, o CPA, para a "propriedade colectiva privada" da terra regulada pelas disposições da Lei das Associações de Propriedade Comunal de 1996. Esta lei destinava-se especificamente às comunidades que receberam terras através do programa de reforma agrária (Lahiff, 2009). Essa foi uma das razões pelas quais o governo optou pelo desenvolvimento do CPA como uma entidade de posse de terra para os beneficiários da terra.

Outra razão para a sua criação, durante os anos Hanekom, foi diluir ou, até certo ponto, reduzir o poder dos chefes sobre as terras recentemente adquiridas através da reforma agrária. É visto pelos seus proponentes como uma entidade democrática de posse de terra que se desvia fundamentalmente dos princípios antidemocráticos da chefia. Tal como expresso por Ramutsindela:

> O governo pós-apartheid tentou destribalizar os padrões de propriedade da terra através da formação das Associações de Propriedade Comunal (CPAs). Em geral, a CPA representa um afastamento da tradição de deixar a administração e/ou propriedade da terra nas mãos do chefe (Ramutsindela, 2001:40-1).

Apesar disso, as críticas contra as CPAs baseiam-se frequentemente na sua falta de eficácia, de competências e, sobretudo, nos fracos direitos individuais dos indivíduos sobre os recursos em causa. Desta forma, Lahiff argumenta que o CPA foi reduzido a apenas mais uma forma de propriedade colectiva (Lahiff, 2009:98). Para piorar a situação, o governo está relutante em monitorizar os CPAs e garantir o apoio pós-instalação, conforme exigido pela Lei das Associações de Propriedade Comunitária de 1996 (Lahiff, 2009). Lahiff explica isto em pormenor:

> A disponibilização de terras a título gratuito a uma IPC [instituição de propriedade comunal] é vista pelos decisores políticos como suficiente em si mesma, sem ter

> em conta os meios através dos quais os membros individuais podem ter acesso a essas terras, salvaguardar os seus direitos fundiários ao longo do tempo e criar instituições funcionais para a administração da propriedade comum. Como demonstram numerosos estudos, o facto de não se dar um conteúdo significativo aos direitos e responsabilidades dos indivíduos e dos grupos a que pertencem conduz não só à insegurança da posse, mas também à perda das oportunidades e dos benefícios materiais que os participantes na reforma agrária esperam (Lahiff, 2009:101).

No terreno, as posições-chave nos CPAs são frequentemente ocupadas por chefes, como se verá mais adiante. Nestes contextos, o problema do acesso é grave, e as mulheres e os jovens são frequentemente excluídos. Isto mostra que o poder das instituições patriarcais está a ter implicações prejudiciais na vida das mulheres e dos jovens nas zonas rurais, e contribui para o debate sobre a desigualdade de género e o conflito entre gerações como obstáculos ao desenvolvimento rural.

3.4.2 Os chefes e a reforma agrária: um ressurgimento da autoridade tradicional?

Em relação às reivindicações de terras no Limpopo, Mpumalanga e KwaZulu-Natal, Cherryl Walker salienta o facto digno de nota de que

> .muitas destas reivindicações comunitárias são constituídas como reivindicações tribais, representadas por Autoridades Tribais; nestas províncias, o programa de restituição está a ser aproveitado sem grande debate para um ressurgimento das instituições de liderança tradicional e para a extensão da sua autoridade sobre as terras comunitárias para além dos antigos Bantustões (Walker, 2008:216).

Walker (2008:216) baseia-se numa análise recente no Limpopo para elucidar:

> Entrevistas com membros das comunidades reclamantes sugerem que muitos vêem a recuperação da terra tribal como a chave para o revigoramento da identidade tribal e do poder e estatuto dos líderes tribais. Não é, por isso, surpreendente que os chefes tribais (líderes tradicionais) estejam em primeiro plano na maioria destas reivindicações, incluindo a ocupação de posições-chave em muitas das CPAs [Associações de Propriedade Comunitária] ou Trusts.

O processo de reforma agrária que envolve autoridades tribais fora das áreas comunais e o "ressurgimento" da liderança tradicional que acompanha as reivindicações tribais de terras têm, segundo comentadores como Walker, passado um pouco despercebidos. Isto deve-se, em parte, ao facto de a atenção se ter centrado na governação das zonas comunais (os antigos bantustões). Os debates têm incidido sobretudo sobre a Lei CLARA, que tem estado na vanguarda da política rural (Oomen, 2005) desde a sua criação até à sua rejeição em 11 de maio de 2010 (depois de ter sido considerada inconstitucional pelo Tribunal Constitucional da África do Sul em Pretória).

Um outro exemplo do "ressurgimento" do poder do chefe através do processo de reforma agrária é apresentado em Oomen (2005:72). Em Kalkfontein, na província de Mpumalanga, não havia anteriormente nenhum chefe. No entanto, foi criada uma autoridade tribal bantustã na década de 1970:

> ... e um chefe foi imposto à comunidade, que começou imediatamente a atribuir terras a apoiantes externos e a expulsar os desordeiros. Quando o programa de redistribuição começou, a comunidade original decidiu juntar os seus subsídios de R15 000 para 'se afastar desse chefe[4]. Contudo, assim que receberam um novo pedaço de terra do governo, o chefe tradicional começou a reivindicar jurisdição política sobre essa área também, procurando apoio da Casa dos Líderes Tradicionais e do primeiro-ministro provincial, e causando um conflito que continua até ao presente (Oomen, 2005:72).

Este facto realça o papel dos líderes tradicionais fora das terras comunais, em terras recentemente adquiridas, quer através do programa de redistribuição ou de restituição de terras. No caso da comunidade de Kalkfontein, o programa de redistribuição de terras levou a que lhes fosse concedida uma nova parcela de terra. No entanto, o chefe, que não tem legitimidade entre estes 'sujeitos', também fez reivindicações de jurisdição política sobre esta terra recém-adquirida. Isto mostra que, quer no âmbito do programa de redistribuição ou de restituição de terras, os chefes fizeram "reivindicações de jurisdição política" sobre as terras recém-adquiridas - com ou sem o consentimento dos seus súbditos (Mathis, 2007). Estes líderes tradicionais estão, na maioria dos casos, na vanguarda da reforma agrária e são frequentemente eleitos ou tornam-se presidentes das recém-criadas "entidades legais" chamadas CPAs.

No seu estudo de caso de KwaZulu-Natal, Mathis (2007) mostra que a instituição da liderança tradicional está a manipular a reforma agrária para reforçar o seu "ressurgimento", o que levou a um número considerável de reivindicações de terra em conflito envolvendo os chefes e os seus súbditos. Parece que, na maioria dos casos, o DLA favoreceu os chefes. Como Mathis conclui, "Não há dúvida que em muitos destes casos na zona rural de KwaZulu-Natal, o poder das autoridades consuetudinárias sobre a terra está a ser reforçado devido aos seus papéis de liderança nas reivindicações de terra, com ou sem o apoio dos seus súbditos" (Mathis, 2007:116). E, particularmente no que diz respeito ao seu estudo de caso em eMbo-Timuni, Mathis (2007:117) observou que 'O recente processo de reforma agrária... foi visto pelos líderes consuetudinários como uma oportunidade para reafirmar a sua autoridade sobre a terra através da potencial obtenção de controlo sobre a terra fora dos limites actuais da sua [*Autoridade Tribal*] AT'. De acordo com Mathis, uma reivindicação de terras em conflito entre o Masibuyele Trust, um grupo da sociedade civil e a autoridade tradicional dessa área, representa uma séria ameaça para a autoridade tradicional que reivindica direitos consuetudinários sobre a terra fora das suas actuais fronteiras políticas (Mathis, 2007).

Robins e van der Waal (2008) exploraram o caso Makuleke à luz desta questão relativa à reforma agrária e à consolidação da autoridade do chefe. O caso de reivindicação de terras de Makuleke tem sido 'retratado e celebrado como um exemplo da possibilidade de casar a liderança tradicional com os princípios da democracia constitucional, incluindo a equidade de género' (Robins e van der Waal, 2008:54-5). Makuleke é vista como um exemplo de uma comunidade que 'conseguiu conciliar instituições 'modernas' e 'tradicionais'' (Robins e van der Waal, 2008:55). É interessante o facto de, no caso de Makuleke, o chefe se ter submetido a eleições para presidente do CPA (Robins e van der Waal, 2008:66). Mas isto não foi, naturalmente, isento de problemas, como referem Robins e van der Waal. Embora a chefia neste contexto seja vista como "menos autocrática do que a maioria das outras e o chefe seja considerado justo e acessível", o chefe continua a ser visto como uma pessoa cuja autoridade não pode ser facilmente contestada (Robins e van der Waal, 2008:64).

Outra questão preocupante no que diz respeito à comunidade Makuleke é a alegação apresentada pela Autoridade Tradicional (AT) Mhinga de que o chefe Makuleke era apenas um chefe sob a autoridade e jurisdição do chefe Mhinga e não era um chefe. Em reação, os Makuleke procuraram reforçar a sua instituição de chefia e tentaram obter o seu reconhecimento oficial como Autoridade Tribal. Isto foi feito em resposta à ameaça representada pelo Mhinga TA (Robins e van der Waal, 2008). Além disso, os Makuleke, juntamente com o Centro de Recursos Jurídicos, contestaram com êxito a Lei dos Direitos Comunais à Terra de 2004, que teria permitido à AT Mhinga exercer o seu poder sobre as terras que pertencem aos Makuleke no Parque Nacional Kruger (KNP) (Robins e van der Waal, 2008). Como Robins e van der Waal concluem:

> Tanto as comunidades Makuleke como Mhinga procuraram reforçar e reposicionar as suas respectivas autoridades tradicionais no novo cenário político da África do Sul pós-apartheid. No entanto, estas estratégias não são de modo algum sinais de um regresso ao tradicionalismo puro, mas sim tentativas de sintetizar reivindicações baseadas na terra, na tradição e nos direitos culturais, juntamente com exigências de restituição de terras através do sistema jurídico moderno (Robins e van der Waal, 2008:60).

A história da disputa Mhinga/Makuleke reforça o ponto de vista de Ramutsindela (2007b) de que a reforma agrária desempenhou um papel significativo na consolidação do legado do apartheid através da extensão das terras natais e, dessa forma, os seus efeitos foram um pouco contraditórios com o que defende, ou seja, apagar o legado do apartheid. Se o caso do tribunal tivesse favorecido os Mhinga em vez dos Makuleke, isso significaria que a terra dentro do PNK seria abrangida pelo AT dos Mhinga. Considerou-se que a Lei CLARA reforçava as reivindicações do Chefe Mhinga sobre os recursos da CPA Makuleke, incluindo as receitas dos seus alojamentos turísticos e das terras dentro do Parque Nacional Kruger, bem como do seu sistema de irrigação em Ntlaveni, na área Makuleke (Robins e van der Waal, 2008:61).

Mais uma vez, isto está de acordo com a tese de Ramutsindela (2007b) de que a reforma agrária contribui para cimentar os legados do apartheid através da extensão dos antigos bantustões sob a autoridade de chefes, especialmente quando se presta atenção ao que teria acontecido se os Makuleke tivessem perdido o processo judicial. Como observa Ramutsindela (2007b: 48), "a tendência nas antigas pátrias é para os requerentes de terras se mudarem para áreas adjacentes aos limites desses bantustões". Por outras palavras, a reforma agrária permitiu que os requerentes de terras saíssem das terras comunais para as "antigas" terras privadas, que na maioria dos casos são adjacentes aos antigos bantustões, agora reconstituídos como terras comunais.

Em muitos casos, é o chefe que está na vanguarda da reivindicação de terras. Muitas vezes, é o mesmo chefe que foi retirado à força, juntamente com os seus súbditos, para manter uma jurisdição tribal noutro local, em qualquer terra que o governo do apartheid tenha achado por bem despejar ou, mais educadamente, deslocalizar. A reforma agrária permitiu que o mesmo chefe ou o seu sucessor regressasse à terra original (ou compensatória) juntamente com os seus súbditos. Mas a questão é a seguinte: *Será que o pedaço de terra recém-adquirido se torna então incorporado na terra comunal, simplesmente devido ao poder renovado de um chefe?* Ramutsindela defende certamente esse ponto de vista e é enfático quanto ao facto de a reforma agrária ter servido para aumentar a quantidade de terras sob jurisdição dos chefes, dessa forma cimentando, em vez de apagar, o legado do apartheid.

Fraser concebe os líderes tradicionais não como estando a ressurgir, mas como um grupo de elite que beneficiou de regimes antidemocráticos do passado (colonialismo, segregação, apartheid) e que abusou desse poder para manipular o programa de reforma agrária em seu próprio benefício. Ele vê uma continuação em vez de uma mudança: nas palavras de Fraser, 'Talvez não seja surpreendente, dados os seus amplos poderes na era colonial e do apartheid, os líderes tradicionais tornaram-se actores proeminentes no processo de reforma agrária' (Fraser, 2007:841).

O argumento de Fraser coincide com outras críticas à liderança tradicional, particularmente na área da reforma agrária (Ntsebeza, 2005; Mathis, 2007; Ramutsindela, 2007b). Fraser afirma ainda que tais movimentos dos líderes tradicionais reflectem um 'presente colonial', na medida em que as autoridades tribais criadas colonialmente estão a ser reforçadas na geografia e na vida social pelo programa de reforma agrária (Frazer, 2007). Para além da forma como a restituição foi concebida, a sua implementação não garantiu que os líderes dos grupos de beneficiários da terra fossem democraticamente eleitos em vez de constituídos ou nomeados pelos líderes tradicionais (Frazer, 2007). Os recursos limitados parecem ser uma das causas da resposta inadequada do Estado ao desafio de garantir que a reforma agrária não beneficie os líderes da elite, ou que os beneficiários estejam igualmente representados nas organizações "comunitárias" (Fraser, 2007:841-2).

A discussão até agora realizada estabeleceu que a interação entre democracia, dinâmicas de poder, fronteiras, território, jurisdição e política fundiária é inseparável da política de chefia, o que, por conseguinte, tem implicações para o projeto sul-africano de reforma fundiária. De um modo geral, há que admitir que:

A liderança tradicional continua a ser importante e, em vários países africanos, foi incorporada nas estruturas e sistemas formais do governo. Uma recente reviravolta na literatura sugere que a chefia em África está a passar por um renascimento e que há um regresso à tradição em todo o continente (Beall et al., 2005:2).

A história é sobre os chefes que querem manter o seu estatuto de autoridade sobre as zonas rurais na África pós-colonial. Os novos governos democráticos africanos permanecem ambivalentes quanto a esta questão, ao mesmo tempo que esperam o enraizamento da democracia nas zonas rurais remotas onde os chefes governam (Ntsebeza, 2005; Beall et al., 2005; Oomen, 2005; Beall e Ngonyama, 2009). Ao fazê-lo, as novas dispensas democráticas africanas têm-se preocupado com os meios deliberativos para aliar a democracia à liderança tradicional. Ntsebeza considera tais preocupações contraditórias, na medida em que a descentralização se baseia em princípios de democracia, representação e responsabilidade que são incompatíveis com a liderança tradicional. Ele considera que tais princípios não existem nas instituições hereditárias que são autónomas da democracia devido à intimidade histórica das instituições de liderança tradicional com o colonialismo, a segregação e o apartheid (Ntsebeza, 2005).

O capítulo termina com uma breve consideração sobre a história da liderança consuetudinária em KwaZulu-Natal.

3.5 A liderança tradicional no (KwaZulu) Natal antes e agora

Como já foi referido, o sistema Shepstone de governo indireto permitiu à administração colonial governar as populações africanas através dos seus chefes no Natal colonial (Beall et al., 2005). A Colónia do Natal criou reservas onde os chefes tradicionais eram autorizados a governar os seus súbditos. Quando o governo nacionalista chegou ao poder em 1948, adoptou uma abordagem conciliatória em relação ao sistema Shepstone, particularmente porque coincidia com as políticas segregacionistas de desenvolvimento separado (Beall et al., 2005). A maior parte do trabalho sobre a liderança tradicional na África do Sul e em KwaZulu-Natal em particular, diz respeito à chefia nas zonas rurais. É aqui que as autoridades tradicionais exercem a maior autoridade e são frequentemente autocráticas' (Beall et al., 2005:768). As zonas rurais são entendidas aqui como zonas comunais, as antigas pátrias ou bantustões, onde as instituições de liderança tradicional permanecem indiscutivelmente intactas. Contudo, como esta tese demonstrará, os Amakhosi viram-se no meio da administração de terras fora das áreas comunais convencionais, como resultado direto do programa de reforma agrária.

Uma figura-chave no contexto de KwaZulu-Natal é *Inkosi* Gatsha Buthelezi, antigo chefe da pátria ou bantustão de KwaZulu. Como refere Mathis, sob a liderança de Buthelezi, o Partido da Liberdade Inkatha (IFP), 'um partido nacionalista zulu, foi durante muito tempo apoiado pela maioria dos líderes consuetudinários em KwaZulu-Natal' (Mathis, 2007:112). Depois de 1994, o IFP conseguiu manter a sua maioria eleitoral na província até às eleições de 2004. *Inkosi* Buthelezi, na sua qualidade de político, tentou manter a província através da preservação dos poderes dos líderes tradicionais, que eram cruciais para o apoio eleitoral do IFP (Beall et al., 2005). Nas eleições gerais de 2009, o IFP perdeu a província para o ANC. No entanto, argumenta-se que a vitória do ANC em KZN foi parcialmente atribuível à estratégia de mobilização de Zuma em direção a *Amakhosi* - da mesma forma que Buthelezi tinha feito no passado (Beall e Ngonyama, 2009). Assim, não se pode considerar a liderança tradicional no KZN isolada da política partidária do IFP e do ANC.

Esta história tem sido frequentemente violenta, como explicam Beall e Ngonyama (2009). *Os Amakhosi* em KZN tornaram-se inseparáveis da política partidária; particularmente a do Partido da Liberdade Inkatha (IFP) e do ANC, especialmente quando se considera a violência que irrompeu na província nas décadas de 1980 e 1990 e "continua a assombrar" a província até à data (Beall e Ngonyama, 2009:12).

A maioria dos chefes esteve envolvida na violência política que infetou a província há duas décadas:

> Os líderes tradicionais em KZN estiveram profundamente envolvidos na violência política que varreu a região durante as décadas de 1980 e 1990. Sendo mais numerosos e tendo maior importância do que em muitas outras partes do país, detinham um elevado grau de autoridade, particularmente nas zonas rurais (Koeble, 2005:11).

Até ao final da década de 1970, o ANC no exílio esperava que Buthelezi apoiasse um movimento de libertação nacional liderado pelo ANC e trouxesse um grande número de apoiantes de língua isiZulu. Contudo, quando Buthelezi e a direção do ANC se desentenderam, o resultado foi uma década de violência. A violência começou nos bairros de Durban, onde o apoio do ANC era mais forte,

> ... e se espalhou pelo corredor periurbano até Pietermaritzburg ... Foi aqui que a batalha pelo apoio político foi ferozmente travada, com a violência a espalhar-se dos aglomerados urbanos e periurbanos para as zonas rurais profundas do Natal e do KwaZulu, deixando poucos locais intocados (Freund, 1996 citado em Beall e Ngonyama, 2009:12).

Como explicam Beall e Ngonyama:

> *Os Amakhosi* e os seus *izinduna apelaram* às pessoas nas suas áreas de autoridade tradicional e nos albergues dos trabalhadores migrantes em Durban para que assumissem a luta contra os apoiantes do ANC ... A compreensão do legado destes acontecimentos é importante para explicar por que razão a ameaça de recomeço da violência continua a assombrar a KZN, sobretudo em períodos eleitorais, e por que razão o receio de um recomeço das hostilidades na província se repercute por vezes no sentimento antipolítico (Beall e Ngonyama, 2009:12).

O KwaZulu-Natal deixou de ser o epicentro dessa violência. De acordo com Beall e Ngonyama, um compromisso que facilitou o fim da violência foi a nomeação de Inkosi Buthelezi como ministro do gabinete no primeiro governo de unidade nacional; outro foi "a decisão de acomodar os líderes tradicionais da África do Sul na governação do país" (Beall et al., 2005:757). As conversações e deliberações políticas em que Jacob Zuma teve um papel a desempenhar na década de 1990 (Beall e Ngonyama, 2009), e talvez também a cerimónia de "limpeza" tradicional realizada em julho de 2010, também tiveram um papel a desempenhar.

No entanto, estas tensões não desapareceram: "a violência política recrudesceu no período que antecedeu as eleições gerais de 2009, incluindo o assassinato de um *inkosi* do ANC, Mbongeleni Zondi, em KZN, levando Zuma a iniciar uma reunião com Buthelezi para evitar uma escalada das hostilidades" (Beall e Ngonyama, 2009:15). Nkosi Mbongeleni Zondi governava a comunidade Zondi perto de Greytown, um local emblemático pela sua história da Rebelião Bhambatha de 1906 e um dos locais de estudo de caso desta tese.

Não se pode ignorar o insight de Taylor: que esta mudança (restauração da calma) é um sinal de 'uma política de negação' sobre uma guerra que ninguém quer admitir ou reconhecer (Taylor, 1994 citado em Beall et al., 2005:757). Isto é, obviamente, em relação às posições tomadas pelo IFP e ANC, respetivamente, relativamente à violência.

3.6 Conclusão

Em conclusão, a instituição da chefia em todo o continente carrega as cicatrizes da batalha de ter de se adaptar para sobreviver (Beall et al., 2005:760), e essa sobrevivência tem estado, em grande medida, dependente do poder que uma determinada chefia tem sobre um pedaço de terra específico. No contexto sul-africano, a instituição da liderança tradicional teve de se posicionar em resposta às circunstâncias em constante mudança colocadas pelos processos de colonialismo, segregação, apartheid e democracia. Em todas as circunstâncias, a questão da terra tem sido uma questão emotiva, uma vez que o 'arco da desapropriação' (Hart e Hunter, 2004) pode ser rastreado até à era colonial.

A era democrática apresentou várias opções de reparação (incluindo o programa de reforma agrária) para todos, incluindo os líderes tradicionais. Por conseguinte, a reforma agrária deu origem a várias oportunidades de "apropriação de terras" para todos os sul-africanos, incluindo os líderes tradicionais que podem estar a utilizar os processos de reforma agrária para manter e alargar o seu poder. Os comentadores deram várias explicações sobre o envolvimento dos líderes tradicionais na reforma agrária. Este capítulo passou em revista esses debates, preparando o cenário para uma avaliação do papel da liderança tradicional na reforma agrária, nos fundos fiduciários comunitários e na caça comunitária no caso das duas comunidades que são objeto desta tese.

Capítulo 4

Metodologia de investigação

4.1 Introdução

Este capítulo aborda a metodologia de investigação adoptada neste estudo. O estudo situa-se no âmbito da praxis da geografia humana e adopta uma abordagem qualitativa. A ênfase principal aqui é colocada na recolha e interpretação de dados qualitativos e na explicação da forma como este projeto de investigação foi abordado. A primeira parte do capítulo descreve a natureza dos dados qualitativos em geral. Em seguida, é discutida a escolha de métodos específicos de recolha de dados para este estudo. São apresentadas breves descrições destes métodos de investigação, bem como a(s) forma(s) como foram incorporados neste estudo específico. O capítulo termina com uma discussão sobre as limitações do estudo.

4.2 Investigação qualitativa em Geografia

A investigação qualitativa em Geografia não é nova, especialmente na Geografia Humana (DeLeyser et al., 2010). No passado, as técnicas de recolha de dados qualitativos estavam à margem da nossa disciplina, mas são hoje vitais para a nossa prática atual da geografia humana ((DeLeyser et al., 2010:2). Como DeLeyser et al. colocam,

> ... os geógrafos qualitativos contemporâneos adoptam uma abordagem "naturalista" da investigação - deixamos o laboratório e o computador para estudar pessoas, lugares e fenómenos, tanto quanto possível *in situ*, e procuramos validar não só as nossas próprias perspectivas (porque temos ideias sobre a forma como o mundo funciona), mas também, e sobretudo, os significados que as pessoas com quem trabalhamos trazem para o tópico de estudo, um tópico que emerge e se desenvolve sempre através do processo de investigação (DeLeyser et al., 2010:7).

Os dados qualitativos podem consistir em palavras, imagens e sons, informação que não pode ser facilmente captada sob forma numérica. Ou seja, os dados qualitativos são normalmente de natureza não estruturada (Kitchin e Tate, 2000:211). De acordo com Denzin e Lincoln (2000:3):

> A investigação qualitativa é uma atividade situada que localiza o observador no mundo. Consiste num conjunto de práticas materiais interpretativas que tornam o mundo visível. Estas práticas transformam o mundo. Transformam o mundo numa série de representações, incluindo notas de campo, entrevistas, conversas,

> fotografias, gravações e memorandos para o eu ... [Envolvem] o uso estudado e a recolha de uma variedade de materiais empíricos - estudo de caso, experiência pessoal; introspeção; história de vida; entrevistas; artefactos; textos culturais - que descrevem momentos e significados rotineiros e problemáticos na vida dos indivíduos (Denzin e Lincoln, 2000:3) [ênfase adicionada].

A investigação qualitativa é um campo de investigação por direito próprio que utiliza uma vasta gama de práticas interpretativas, com o objetivo de obter uma compreensão muito melhor e mais profunda do assunto em questão (Denzin e Lincoln, 2000). Cada prática interpretativa visualiza e interpreta o mundo de uma forma única, razão pela qual os investigadores qualitativos tendem a utilizar mais do que uma prática interpretativa num estudo (Denzin e Lincoln, 2000).

De acordo com Gibbs (2007: x), a investigação qualitativa visa abordar o mundo 'lá fora' (e não em ambientes de investigação especializados, como os laboratórios) e compreender, descrever e, por vezes, explicar os fenómenos sociais 'a partir do interior' de várias formas diferentes:

> [Em primeiro lugar, através da análise de experiências de indivíduos ou grupos. As experiências podem estar relacionadas com histórias de vida biográficas ou com práticas (quotidianas ou profissionais). Estas podem ser abordadas através da análise dos conhecimentos, relatos e histórias do quotidiano. Através da análise das interacções e comunicações em curso. Isto pode basear-se na observação ou registo de práticas de interação e comunicação e na análise do material. Através da análise de documentos (textos, imagens, filmes ou música) ou de registos semelhantes de experiências e interacções.

A investigação qualitativa visa compreender a forma como as pessoas constroem o mundo que as rodeia, o que estão a fazer ou o que lhes está a acontecer em termos que sejam significativos e ofereçam uma visão. Uma componente importante da investigação qualitativa baseia-se no texto e na escrita: desde as notas de campo e as transcrições até às descrições e interpretações e, finalmente, à apresentação dos resultados e da investigação no seu conjunto (Gibbs, 2007: xi).

4.3 Métodos de investigação qualitativa

Há vários métodos que se enquadram na categoria de investigação qualitativa, tais como 'estudo de caso, política e ética, inquérito participativo, entrevistas, observação participativa, métodos visuais e análise interpretativa' (Denzin e Lincoln, 2000:2). Como observam DeLeyser et al., na prática, as técnicas de recolha de dados qualitativos são utilizadas "em combinações":

> ... combinações que serão únicas para cada local de campo e cada experiência de campo; combinações que podem mesmo fundir-se no momento em que a investigação já está a decorrer
>
> em curso. Assim, embora os geógrafos qualitativos planeiem a nossa investigação com antecedência, a natureza intersubjectiva complexa e em constante mudança da investigação com sujeitos humanos exige abordagens criativas às circunstâncias, a adaptação de técnicas antigas e a invenção de novas combinações - tanto no planeamento como durante a investigação" (DeLeyser et al., 2010:7-8).

É de salientar que a história da desigualdade na África do Sul criou muitos grupos de pessoas marginalizadas. Este estudo preocupa-se com essas pessoas, particularmente aquelas que são vítimas de remoções forçadas do passado e que continuam a enfrentar problemas de insegurança de posse e outros semelhantes nesta era de democracia. Uma tal 'posição emancipatória' adoptada requer o desempacotamento das dinâmicas de poder, e as dinâmicas de poder só podem ser desempacotadas através de metodologias de investigação qualitativas. Como nos recorda DeLeyser et al. (2010:8):

> ...os geógrafos qualitativos têm procurado também manter-se genuinamente empenhados nas comunidades onde desenvolvem o seu trabalho e, frequentemente, continuar a produzir trabalho politicamente progressista e/ou ativamente orientado para as políticas. É importante notar que, no meio disto tudo, o trabalho qualitativo tem percorrido as delicadas linhas entre a simpatia e o envolvimento com aqueles que estudamos, evitando a claque acrítica, mesmo quando trabalhamos nas posições e questões incómodas do envolvimento com aqueles - muitas vezes, mas nem sempre - em posições de poder cujas práticas podemos querer criticar.

As duas principais técnicas de investigação utilizadas pelos investigadores para recolher dados qualitativos são a observação participante e as entrevistas individuais (Madriz, 2000:83). Uma vez que a observação participante e a entrevista foram os principais métodos de recolha de dados utilizados neste estudo de investigação, as secções seguintes apresentam em pormenor a dinâmica destes métodos com base numa revisão da literatura. A(s) forma(s) como foram incorporados neste estudo específico são depois discutidas em mais pormenor.

4.3.1 Etnografia e observação participante

> Uma abordagem etnográfica à investigação qualitativa complementa as preocupações dos geógrafos em compreender e descrever espaços, lugares e experiências locais-globais (Watson e Till, 2010:133-4).

A etnografia é 'a arte e a ciência de descrever um grupo humano - as suas instituições, comportamentos interpessoais, produções materiais e crenças' (Angrosino, 2007:14). É 'baseada no campo, personalizada, multifatorial, de longo prazo, indutiva, dialógica e holística por natureza' (Angrosino, 2007:14). A investigação etnográfica visa obter uma compreensão aprofundada do modo como os indivíduos em diferentes culturas e subculturas dão sentido à sua vida quotidiana (Hesse-Biber e Leavy, 2006). Os investigadores etnográficos preocupam-se sobretudo com a rotina da vida quotidiana das pessoas que estudam. A investigação etnográfica permite ao investigador compreender a realidade social do ponto de vista dos participantes, razão pela qual se tornou uma prática comum na investigação qualitativa (Hesse-Biber e Leavy, 2006). O método etnográfico oferece ao investigador uma janela importante para compreender o mundo social do ponto de vista daqueles que nele residem (Hesse-Biber e Leavy, 2006).

A observação participante é um dos principais instrumentos de investigação da etnografia e da sua prática. Este método "exige que o investigador viva ou faça visitas extensas ao local que está a estudar, observando e participando nas atitudes daqueles que está a investigar" (Hesse-Biber e Leavy, 2006:230). Mais do que isso, os investigadores devem ser sensíveis e, por vezes, até participar em "geografias quotidianas para que possam familiarizar-se com a forma como os espaços sociais são constituídos em vários contextos" (Watson e Till, 2010:129).

A observação participante é 'uma forma de conduzir a investigação que coloca o investigador no meio da comunidade que está a estudar' (Angrosino, 2007:2) e em viver e atuar na vida do observado. Isto implica ir além da simples presença no mesmo evento, para incluir a partilha de experiências de vida e tornar-se um membro do mundo social do inquirido (Kitchin e Tate, 2000). Ao viver e atuar na comunidade observada, o investigador torna-se o *instrumento de investigação*" (Kitchin e Tate, 2000:221). Na mesma linha, DeLeyser et al. (2010) salientam que "trabalhamos para reconhecer toda a pessoa do investigador como um instrumento de investigação nas nossas interacções com as pessoas com quem trabalhamos e com quem recolhemos e construímos os nossos materiais empíricos" (DeLyser et al., 2010:6).

De acordo com Angrosino, a observação participante não é um método em si, mas sim um estilo pessoal adotado por investigadores no terreno (etnógrafos) que, tendo sido aceites pela comunidade estudada (tendo ganho *relações*), são capazes de utilizar uma variedade de técnicas de recolha de dados para descobrir as pessoas e o seu modo de vida (Angrosino, 2007).

Tal como descrito por Kitchin e Tate, na observação participante 'o observador revela as suas intenções ao grupo observado desde o início. O observador tenta então construir relações de confiança com a comunidade de acolhimento" (Kitchin e Tate, 2000:221). Essas relações dependem da obtenção do rapport acima referido.

Após o trabalho de campo e a redação do material, até certo ponto o investigador ficou emocionalmente ligado às comunidades em estudo e espera que a sua investigação dê um contributo relevante. Isto não deve surpreender o leitor, pois "os investigadores qualitativos de todas as disciplinas académicas esforçam-se por se envolver em práticas de investigação equitativas e emancipatórias" (DeLeyser et al., 2010:9). No entanto, numa nota triste, Herbert (2010:132) lembra-nos que:

> Os observadores-participantes têm de aceitar que os seus produtos escritos não têm relevância imediata para os povos subalternos, muitos dos quais lutam diariamente com os legados do colonialismo e do capitalismo.

4.3.2 Entrevistas em profundidade e em grupo

A entrevista é provavelmente a técnica de recolha de dados qualitativos mais utilizada (Kitchin e Tate, 2000:213), e uma das formas mais comuns e poderosas de tentarmos compreender os nossos semelhantes (Fontana e Frey, 2000:655). A entrevista tornou-se 'o mecanismo mais viável para obter informações sobre indivíduos, grupos e organizações numa sociedade' (Fontana e Frey, 2000:655). As formas amplamente utilizadas de entrevista envolvem o intercâmbio individual, o intercâmbio de grupos face a face, questionários enviados por correio ou auto-administrados e inquéritos telefónicos. Podem ser de natureza estruturada, semi-estruturada ou não estruturada (Fontana e Frey, 2000).

As entrevistas em profundidade, também conhecidas como entrevistas intensivas, são métodos cruciais de recolha de dados para os investigadores qualitativos (Hesse-Biber e Leavy 2006). As entrevistas aprofundadas utilizam os indivíduos como ponto de partida para o processo de investigação e partem do princípio de que os indivíduos possuem conhecimentos únicos e importantes sobre o mundo social que são acessíveis através da comunicação verbal. As entrevistas em profundidade são um tipo particular de conversa entre o investigador e o investigado que requer perguntar e *ouvir* ativamente (Hesse-Biber e Leavy 2006).

O principal objetivo da entrevista em profundidade é obter dados qualitativos ricos, na perspetiva dos inquiridos, sobre um determinado assunto (Hesse-Biber e Leavy, 2006). Em particular, como referem Hesse-Biber e Leavy:

> As entrevistas em profundidade também são úteis para aceder a vozes subjugadas e obter conhecimentos subjugados. Aqueles que têm sido marginalizados na sociedade, como as mulheres, as pessoas de cor, os homossexuais e os pobres, podem ter experiências e conhecimentos ocultos que têm sido excluídos da nossa compreensão da realidade social. A entrevista é uma forma de aceder a alguma desta informação (Hesse-Biber e Leavy, 2006:123).

Kitchin e Tate (2000) referem que uma entrevista de grupo pode ser uma alternativa útil ou um complemento às entrevistas individuais. De acordo com Madriz (2000), uma entrevista de grupo oferece aos inquiridos um ambiente seguro onde podem partilhar ideias, crenças e atitudes na companhia de pessoas com a mesma origem socioeconómica, étnica e de género. Com base em Madriz (2000), Fontana e Frey (2000) salientam que uma entrevista de grupo é essencialmente uma técnica de recolha de dados qualitativos que se baseia no questionamento sistemático de vários indivíduos simultaneamente num ambiente formal ou informal. Por conseguinte, esta técnica situa-se na fronteira entre a entrevista formal e a informal (Fontana e Frey, 2000). Uma discussão de grupo consiste geralmente num conjunto de três a dez pessoas que discutem um determinado tópico sob a orientação de um moderador que promove a interação e dirige a conversa. A dinâmica de uma discussão de grupo faz frequentemente emergir sentimentos e experiências que poderiam não ter sido articulados numa entrevista individual (Kitchin e Tate, 2000:215).

4.4 Recolha de dados e trabalho de campo

A recolha de dados para esta tese foi realizada principalmente durante períodos intensivos de trabalho de campo em julho de 2009; a informação inicial sobre a comunidade de AbeKunene foi recolhida para uma tese de licenciatura (Ngubane, 2010) e durante julho e agosto de 2010 para ambos os estudos de caso. Para além destes períodos, o investigador manteve um contacto constante com as duas comunidades e visitou-as sempre que se realizava uma reunião importante.

Durante a recolha de dados, o investigador adoptou um conjunto de métodos de investigação qualitativa: etnografia e observação participante; entrevistas individuais, em grupo e em profundidade. Foram efectuadas entrevistas a membros de ambas as comunidades em estudo e às suas estruturas representativas - fundos comunitários e conselhos tradicionais. Também foram realizadas entrevistas a outros intervenientes, incluindo membros da KZNHCA (o principal parceiro de conservação da natureza das duas comunidades em estudo); funcionários governamentais do antigo DLA e do atual Departamento de Desenvolvimento Rural e Reforma Agrária, e funcionários do EKZNW. O investigador também localizou os anteriores proprietários das explorações cinegéticas em estudo, que tiveram todo o gosto em partilhar as suas experiências através de entrevistas, das quais duas foram telefónicas. (No entanto, durante o processo, um dos proprietários anteriores recusou-se a ser entrevistado). Isto levou a uma pequena pesquisa de arquivo através de registos em microfilme e títulos de propriedade no Registo de Títulos em Pietermaritzburg, traçando a história da propriedade da terra numa das explorações em estudo. Através desta pesquisa em arquivos, o investigador conseguiu traçar a história da propriedade da terra com base em títulos de propriedade de 1895 em relação a uma das explorações agrícolas em estudo, que era uma exploração de trabalho (arrendatário) (ver Quadro 1).

Uma série de entrevistas individuais em profundidade foram conduzidas com actores chave e beneficiários de terra, e o objetivo era conduzir entrevistas de grupo de foco como um suplemento às entrevistas individuais em profundidade. No evento, o pesquisador acabou por conduzir entrevistas de grupo informais devido a circunstâncias imprevistas (discutidas mais tarde no capítulo, na secção sobre limitações do estudo). Tal como acima referido, foram utilizadas entrevistas informais em grupo em vez de entrevistas a grupos de discussão, como uma das técnicas de investigação para ambas as comunidades em estudo.

Vale a pena mencionar que o trabalho de campo para este estudo foi efectuado em comunidades rurais sob liderança tradicional. Por defeito, isto levantou questões sobre a equidade de género e o conflito entre gerações, pelo que o investigador tentou ser sensível às dinâmicas do patriarcado, do género e das hierarquias geracionais (McClendon, 1995). Durante o trabalho de campo, o investigador tentou transgredir cautelosamente estes limites, realizando entrevistas aprofundadas em contextos domésticos. As histórias foram contadas no ambiente descontraído de uma entrevista doméstica realizada no interior ou mesmo no exterior da casa, à sombra, ou durante um passeio de uma casa para outra. A questão é que, uma vez no terreno, ou seja, à medida que a investigação se desenrola, o investigador torna-se um "instrumento de investigação" (Kitchin e Tate, 2000; DeLyser et al., 2010), combinando métodos de investigação qualitativa que estudou e desenvolvendo uma dimensão individual.

O investigador utilizou também um gravador digital para registar as entrevistas, que foram traduzidas e transcritas posteriormente. Relativamente à gravação das entrevistas, Kitchin e Tate (2000:218) referem que:

> A gravação áudio de uma entrevista permite-lhe registar com precisão uma entrevista, palavra por palavra, com um mínimo de esforço. A gravação da entrevista permite-lhe concentrar-se totalmente na discussão em vez de tentar equilibrar a conversa e a tomada de notas.

Com um gravador de voz digital à mão, o investigador pôde tirar partido destes benefícios da tecnologia. É de notar que a transcrição e a tradução passaram a fazer parte do processo. As entrevistas com inquiridos de língua IsiZulu foram traduzidas e transcritas ou dactilografadas em inglês diariamente, ou seja, todas as noites após a gravação das entrevistas. Os inquiridos de língua inglesa tornaram o processo de transcrição muito mais simples, uma vez que não havia necessidade de traduzir essas entrevistas.

Durante o trabalho de campo na comunidade de AbeKunene, o investigador residiu em Nqabayamaswazi Game Farm (Kameelkop) e fez visitas regulares ao campo de reinstalação (Vergelegen) onde a comunidade está sediada, o que lhe permitiu fazer observação participante. O investigador observou várias reuniões da comunidade, incluindo o 21st aniversário do *ubukhosi* de Nkosi Kunene desde que este substituiu o seu pai no final da década de 1980. O investigador também efectuou visitas regulares e extensas a Kuickvlei, que faz parte do pacote de terras alternativas ou de terras compensatórias para os AbeKunene e se situa adjacente à exploração de caça de Nqabayamaswazi (alguns beneficiários das terras mudaram-se para lá). As viagens de investigação incluíram uma à quinta de Boschhoek, ou pelo menos ao seu portão (ver Placa 2), a terra de onde os AbeKunene foram removidos à força, uma vez que esta foi crucial para dar sentido às geografias da comunidade AbeKunene.

Para investigar o outro estudo de caso, o investigador fez visitas extensas a Ngome e à Reserva de Caça Comunitária de Ngome, adaptando métodos de investigação semelhantes e realizando entrevistas com membros do fundo comunitário e beneficiários da terra, incluindo os que trabalham na reserva de caça comunitária. Durante o processo e por feliz coincidência, o investigador deparou-se com caçadores membros da KZNHCA que tinham vindo caçar durante um fim de semana na reserva de caça comunitária, pelo que os incorporou na investigação. No entanto, devido às tensões políticas na zona, na sequência do assassínio de *iNkosi*, o investigador teve o cuidado de não ultrapassar o tempo de permanência na comunidade e não pernoitou lá como no primeiro caso.

As interacções entre o investigador e a comunidade, bem como as entrevistas, foram orientadas pelas principais áreas de interesse e pelas questões de investigação com que o investigador entrou na investigação. Estas eram dinâmicas e mudaram à medida que a investigação avançava. Por exemplo, o interesse no papel dos líderes tradicionais nas explorações de caça comunitárias desenvolveu-se à medida que começou a emergir como um tema de muitas entrevistas e conversas. O investigador voltou então à literatura e desenvolveu mais perguntas, seguidas de mais conversas no terreno sobre este aspeto.

4.5 Limitações do estudo

Durante o período de recolha de dados, registaram-se várias limitações. Por exemplo, o investigador esperava realizar entrevistas de grupos de discussão, em particular com os jovens das duas comunidades beneficiárias da terra em estudo. Mas isso revelou-se impossível na prática, uma vez que não havia forma de organizar a presença dos jovens num mesmo local e ao mesmo tempo.

No caso de Ngome, o investigador não podia residir na comunidade por razões de segurança e, por isso, fez visitas extensas à luz do dia (isto foi no período imediatamente antes, durante e depois do Campeonato do Mundo de Futebol de 2010). Devido à polémica política local, só foi possível ser um "observador participante" de forma limitada neste contexto (após o assassinato do chefe).

Em Kameelkop e na colónia de realojamento onde muitos dos AbeKunene ainda vivem, o investigador foi normalmente acompanhado por um membro do Boschhoek Trust como assistente de investigação para o dia. Este facto teve quase de certeza um impacto na forma como os entrevistados responderam às perguntas. Compreensivelmente, as pessoas não estavam preparadas para expor os seus verdadeiros sentimentos sobre estas questões sensíveis na presença de um administrador. Não havia forma de escapar a esta situação, porque o assistente de investigação estava sempre presente. O investigador não estava em condições de mandar embora o assistente de investigação porque há muitas famílias no campo de reinstalação (Vergelegen), e não apenas as que pertencem à comunidade de AbeKunene. Por conseguinte, foi necessário um assistente de investigação para identificar as famílias que pertencem à comunidade de AbeKunene.

O investigador esperava também visitar a quinta Boschhoek (de onde a comunidade AbeKunene foi removida à força em 1968) com os inquiridos. No entanto, essas esperanças foram destruídas pelo processo moroso seguido para obter acesso a

A quinta de Boschhoek, que continua a ser o território (centro de treino) da SANDF. Para ter acesso à quinta de Boschhoek, é preciso dirigir-se a Nkosi Kunene e pedir uma carta de autorização. Esta carta de autorização é depois levada para o Campo Militar de Ladysmith (que fica a cerca de 60 km de distância). Em Ladysmith, a SANDF concede uma carta de autorização final, que é depois levada para a quinta de Boschhoek. Um membro da SANDF presente na quinta de Boschhoek examina então a carta de autorização final e só depois é concedido o acesso, após um curto processo de interrogatório conduzido pela SANDF. É este o processo seguido pelos membros da comunidade de AbeKunene quando visitam os seus locais de enterro na quinta de Boschhoek.

O obstáculo mais perturbador com que a investigadora foi confrontada neste estudo de caso envolveu as acções de um membro masculino da comunidade (que também é membro do Boschhoek Community Trust). Foi-lhe pedido pelo trust que acompanhasse o investigador como assistente de investigação durante um dia, mas recusou-se a falar com mulheres e simplesmente não queria que o investigador entrevistasse mulheres, dizendo que elas não sabiam nada. Para um investigador consciente da natureza patriarcal da sociedade, isto foi um grande desafio, mas ao persistir e devido à feliz coincidência de algumas casas serem ocupadas apenas por mulheres, o investigador conseguiu encontrar-se e entrevistar algumas mulheres nesse dia.

Entre os desafios que o pesquisador encontrou foi a relutância por parte de alguns actores-chave em falar com ele. Por exemplo, no processo de realização de entrevistas telefónicas com os antigos proprietários das explorações de caça em estudo, o antigo proprietário da reserva de caça Khobotho, agora desmantelada (adjacente ao Bhambatha's Kraal), recusou-se a ser entrevistado. O investigador tentou insistir, mas foi desencorajado mais tarde porque o antigo proprietário não atendia o telefone depois de explicar ao investigador que não queria ouvir nem partilhar nada sobre o Khobotho. Isto foi lamentável para o pesquisador, mas não surpreendente (ver Apêndice 1).

A nível prático, era difícil aceder a algumas das áreas sem a utilização de um veículo de tração às quatro rodas. O investigador conduzia em direção à reserva de caça desmantelada de Khobotho sem saber do seu estado de desmantelamento. As condições da estrada não eram ideais para um automóvel ligeiro, o que levou a um pequeno acidente de viação. Felizmente, o investigador saiu ileso, mas o veículo familiar emprestado ficou com alguns arranhões e um espelho lateral esquerdo destruído.

4.6 Conclusão

Este capítulo abordou a metodologia de investigação adoptada neste estudo. O estudo situa-se no âmbito da praxis da geografia humana e, por conseguinte, adoptou uma abordagem de investigação qualitativa. A ênfase principal foi colocada na recolha e interpretação de dados qualitativos e na explicação da forma como este projeto de investigação foi abordado. A primeira parte do capítulo descreve a natureza dos dados qualitativos em geral, com base na literatura. Em seguida, foi discutida a escolha de métodos específicos de recolha de dados para este estudo. Foram apresentadas breves descrições dos métodos de recolha de dados (diferentes formas de entrevista, etnografia, etc.), bem como a(s) forma(s) como foram incorporados neste estudo específico. O capítulo termina com uma breve discussão sobre as limitações do estudo.

Capítulo 5

Apresentação dos estudos de caso: Duas geografias históricas da despossessão

5.1 Introdução

Este capítulo analisa as geografias históricas dos dois grupos de beneficiários da terra que são objeto desta tese. A abordagem adoptada aqui é comparativa - foram pesquisadas duas explorações comunitárias de caça entregues a duas comunidades diferentes. Para entender as questões contemporâneas de terra, a história da desapropriação deve ser entendida primeiro e este é o foco do presente capítulo. A informação aqui apresentada baseia-se tanto na literatura secundária como, em certa medida, em material de entrevistas.

Os membros da comunidade de Zondi são antigos arrendatários de mão de obra expulsos de uma "quinta de mão de obra (arrendatária)" destinada à criação de caça/pecuária privada; por conseguinte, é importante apresentar os antecedentes históricos do arrendamento de mão de obra na colónia do Natal. Em contrapartida, a comunidade de AbeKunene foi objeto de uma remoção de "pontos negros", pelo que é importante apresentar uma análise histórica da política do governo do apartheid relativa aos "pontos negros" e à sua remoção, particularmente na parte noroeste da atual província de KwaZulu-Natal, onde ocorreram muitas dessas remoções durante o período do apartheid. As histórias destas duas comunidades são traçadas, até ao ponto da atual colonização de terras. A Figura 5.1 mostra a localização das duas comunidades em KZN.

A última secção do capítulo apresenta um breve historial do desenvolvimento da indústria privada da fauna bravia na África do Sul a partir da década de 1950. Como explicado, os trabalhadores arrendatários em Ngome (os Zondis) foram diretamente afectados por este desenvolvimento, uma vez que foram deslocados pela caça privada. E ambas as comunidades em análise obtiveram a propriedade de explorações privadas de caça através do processo de reforma agrária - um novo desenvolvimento que é o foco principal deste estudo.

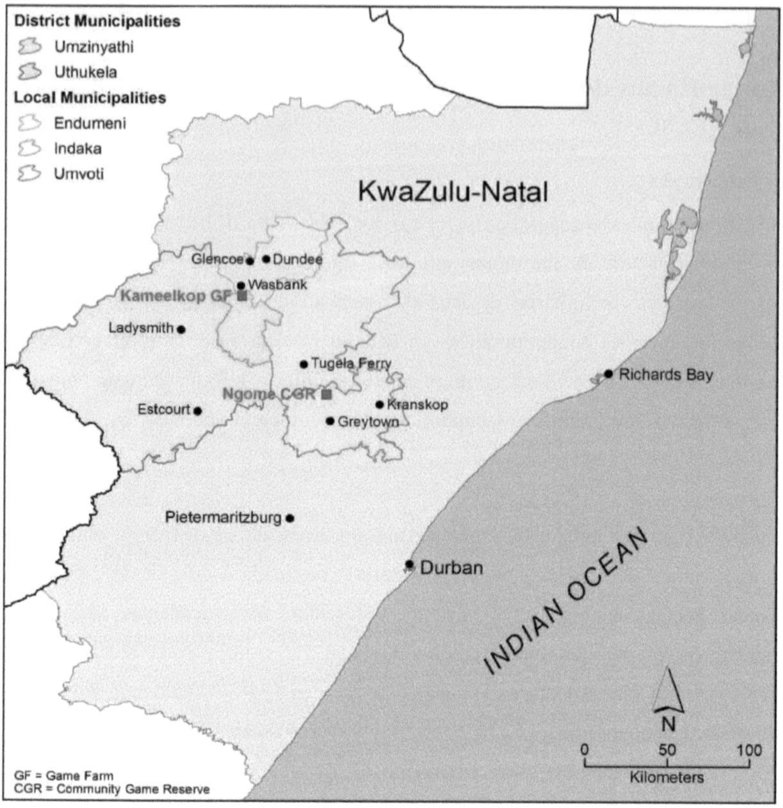

Figura 5.1: Mapa de localização dos dois locais de estudo em KwaZulu-Natal

5.2 A experiência de expropriação da comunidade Zondi e a reivindicação de terras

O sistema Shepstone de governo indireto no Natal colonial (Beall et al., 2005; Guy, 2005) constitui um importante ponto de referência para compreender e traçar o arco de desapropriação de terras (Hart e Hunter, 2004) vivido pela comunidade Zondi. A chefia Zondi estava sob o controlo do governo colonial do Natal e ficou geograficamente confinada a partes específicas do condado de uMvoti, à medida que as terras eram cada vez mais desapropriadas por proprietários privados brancos de ascendência africânder e inglesa. Este facto levou à divisão da comunidade Zondi entre pessoas que viviam em terras governadas por chefes tradicionais e em quintas privadas propriedade de brancos (Guy, 2005). Este último grupo foi então incorporado no sistema de arrendamento de mão de obra que se desenvolveu a partir da segunda metade do século XIX. A secção que se segue apresenta uma breve história do arrendamento de mão de obra no Natal, necessária para compreender os antecedentes e a geografia do sistema de arrendamento de mão de obra.

A comunidade Zondi - e, em particular, o grupo de arrendatários que vivem nas duas "quintas de trabalho" (Aangelegen e Olivefontein) que foram convertidas em explorações de caça em 1974 e 1982, respetivamente (Figura 5.2 abaixo).

5.2.1 O arrendamento de mão de obra na Natal colonial

O arrendamento de mão de obra era um sistema de organização do trabalho agrícola e tem as suas raízes na dinâmica de desenvolvimento e na história económica da agricultura comercial branca nas terras médias do Natal a partir do final do século XIX (McClendon, 1995).

> Surgiu o sistema de arrendamento de mão de obra, segundo o qual a herdade africana disponibilizava alguns dos seus membros - especialmente os jovens - para trabalharem para o agricultor branco durante seis meses do ano. Recebiam um salário nominal, quando muito, e muitas vezes endividavam-se com o "patrão". Nos seis meses de folga, os homens ou "descansavam" - isto é, trabalhavam nas suas próprias propriedades na quinta - ou migravam para as cidades, especialmente Joanesburgo e Durban, para trabalhar com salários consideravelmente mais elevados. Este sistema ficou conhecido como o "sistema dos seis meses" ou *ukusebenza isithupha* (seis meses de trabalho) (McClendon, 1995:39).

O sistema de arrendamento de mão de obra desenvolveu-se a partir de uma mudança gradual das formas anteriores de posse de terra entre africanos e agricultores brancos. Estas formas de posse incluíam a ocupação e a partilha de culturas que caracterizaram a segunda metade do século XIX (Leyburn, 1944). O arrendamento a dinheiro diminuiu gradualmente no Natal, com a expansão da colonização branca e da agricultura capitalista. Foi exercida pressão sobre os africanos que viviam em terras brancas para que passassem do arrendamento a dinheiro para o arrendamento a trabalho, fornecendo assim aos agricultores brancos a tão necessária mão de obra" (Surplus People Project, 1983:28).

Como observa Brooks, 'O sistema de arrendamento de mão de obra ficou ainda mais enraizado no século XX, quando a expansão da agricultura comercial branca nas terras médias do Natal levou a maior parte dos africanos rurais [que viviam] fora das reservas a relações de arrendamento de mão de obra' (Brooks, 1996:31). Como resultado, o arrendamento de mão de obra tornou-se uma das poucas opções de acesso à terra para os africanos e, simultaneamente, proporcionou uma reserva de mão de obra para os agricultores brancos (McClendon, 1995). Constituía também uma forma de escapar à autoridade do chefe que, por vezes, recorria a homens para trabalhos forçados (*isibalo*) a pedido do governo colonial do Natal (McClendon, 1995; Brooks, 1996; Guy, 2005), principalmente para a construção de estradas de acesso (Guy, 2005). Este sistema estava particularmente difundido nas terras médias do Natal e representava, em parte, as tentativas dos agricultores brancos de controlar o trabalho de

Os africanos, através de contratos verbais com os *abanumzane* (chefes de família), que depois comandavam a mão de obra dos seus dependentes, ou seja, os rapazes e por vezes as mulheres da sua *umuzi* (herdade), para o proprietário da terra. É nesta base que McClendon considera que o sistema de arrendamento de mão de obra é uma manta de retalhos de patriarcado e de direito consuetudinário que reforça ainda mais as hierarquias de género e geracionais no seio da herdade, conduzindo a um êxodo dos jovens para as cidades (McClendon, 1995).

A tese de doutoramento de McClendon (1995) fornece informações mais aprofundadas sobre a história social e económica do arrendamento de mão de obra no Natal colonial e foi desenvolvida num livro intitulado: "*Gender and Generations Apart. Labor Tenants and Customary Law in Segregation- Era South Africa, 1920s to 1940s*". Gillian Hart e Mark Hunter (2004) analisaram o livro e é interessante que, no seu resumo, mencionem explicitamente o desenvolvimento das explorações de caça:

> As vicissitudes do arrendamento generalizado de mão de obra nesta parte do Natal traçam um arco de desapropriação desde o século XIX até ao presente, à medida que os despejos contínuos de arrendatários de mão de obra dão lugar a explorações de caça. As suas origens residem na expansão da agricultura comercial branca no final do século XIX, na deslocação dos produtores africanos das Midlands, ricas e bem irrigadas, e nos esforços dos colonos brancos das Midlands para mobilizarem mão de obra através da aquisição de "explorações de trabalho" nos distritos secos de thornveld a nordeste. Surgiu um acordo conhecido como o "sistema dos seis meses" ou *ukusebenza isithupa,* através do qual os africanos mantinham o acesso à terra no thornveld pagando uma renda sob a forma de seis meses de trabalho em explorações agrícolas comerciais nas

Midlands (Hart e Hunter, 2004:916).

Hart e Hunter estão a referir-se aqui a estratégias por parte dos agricultores brancos para assegurar uma força de trabalho africana localizada a alguma distância da principal empresa comercial. Isto incluía a compra de terras nas zonas mais secas do nordeste (thornveld) do interior do Natal para serem utilizadas como as chamadas "explorações de trabalho" (McClendon, 1995; Brooks, 1996) e para pastagem de inverno (Brooks, 1996). O sistema de "exploração laboral", que surgiu no interior do Natal, pode ser considerado como um subconjunto do arrendamento laboral" (Brooks, 1996: 31). De acordo com McClendon, as "fazendas de trabalho" ou "fazendas de espinhos" nos distritos de Weenen e partes de Estcourt e Umvoti eram propriedade de proprietários ausentes que tinham fazendas comerciais nos distritos circundantes do centro do Natal e, por vezes, até ao Estado Livre de Orange (McClendon, 1995:52). Ao explicar o sistema, McClendon cita um Magistrado de Weenen contemporâneo que salientou que os jovens, e por vezes as mulheres, migravam das suas propriedades de espinhos para trabalharem em quintas comerciais durante seis meses. De volta a casa, *o umnumzane* (o chefe de família) tinha acesso à terra e ao pasto que permaneciam ilimitados, com exceção da sobrelotação e das secas (McClendon, 1995:52).

> As herdades de Thornveld estavam sujeitas a pouca supervisão, mas havia normalmente um *induna* (capataz) da quinta que atribuía as parcelas e chamava a mão de obra para o agricultor, tal como o *induna* (adjunto) de um chefe faria para o chefe (McClendon, 1995:52).

De acordo com Brooks (1996), a situação nas "explorações agrícolas de mão de obra" assemelhava-se um pouco à das reservas nativas, uma vez que os chefes das herdades e as pessoas a seu cargo tinham mais flexibilidade em termos de decisões relativas à mão de obra e à utilização das terras - em contraste com a situação nas explorações agrícolas convencionais, em que o proprietário/agricultor residia na exploração. No entanto, esta situação foi alterada na década de 1960. Estas explorações agrícolas de espinheiro, situadas principalmente na zona de Weenen/Greytown, seriam palco de grandes despejos na década de 1960 (Surplus People Project, 1983:28).

5.2.2 Impactos da proibição estatal do arrendamento de mão de obra

Entre as décadas de 1920 e 1940, o sistema de arrendamento de mão de obra passou por grandes dificuldades, centradas na escassez de mão de obra, com um aumento do êxodo de homens e mulheres jovens para as cidades (McClendon, 1995). Mas o sistema sofreu um rude golpe quando o governo do apartheid, no final dos anos 60, decidiu torná-lo ilegal. Os habitantes das quintas deviam tornar-se trabalhadores assalariados a tempo inteiro e, se os agricultores ou os seus inquilinos se recusassem, seriam expulsos das quintas pelo Estado (Surplus People Project, 1983). Segundo Brooks (1996:48-9), o sistema de arrendamento de mão de obra foi considerado por muitos como ineficaz, antieconómico e inadequado para a era moderna, daí a sua erradicação.

> Apesar dos protestos dos agricultores do Natal, o arrendamento de mão de obra sofreu o seu golpe fatal na década de 1960. Uma alteração de 1964 à Lei de Terras de 1936 conferiu poderes ao Ministro da Administração Bantu para limitar ou abolir totalmente o sistema de arrendamento de mão de obra em qualquer distrito do país, através de proclamação. No final da década de 1960, o Governo foi declarando, distrito após distrito, zonas sem arrendamento de mão de obra... O processo decorreu sem problemas nas províncias onde o sistema não estava tão profundamente enraizado como no Natal. No início de 1969, apenas dois distritos do Natal tinham sido desproclamados (Bergville e Kranskop) (Brooks, 1996:49).

Uma das áreas visadas era Weenen, "outrora local de choro para os africanos, agora para os arrendatários africanos" (Beinart, 1984:284). Ocorreram nos distritos de Weenen remoções forçadas maciças de arrendatários de trabalho e as vítimas foram carregadas em "camiões GG" e despejadas em campos de realojamento em locais tão distantes como Madadeni, Msinga, Nkandla (Brooks, 1996); eZakheni, eKuvukeni, eZitendeni, eSahlumbe e outras partes da província. O que é interessante é o facto de a proibição do arrendamento de mão de obra nunca ter sido totalmente implementada, porque era uma parte tão importante do sistema social desta região do país (Brooks, 1996). Em 1970, o número de arrendatários de trabalho era estimado em 400.000" (Hallet, 1984:306). Continuaram a existir bolsas de arrendamento de mão de obra, como explica Lahiff: Numa região, que compreende o norte de KwaZulu-Natal e o sul de Mpumalanga ... um número substancial de arrendatários-trabalhadores conseguiu sobreviver nas explorações agrícolas até aos dias de hoje, embora os seus direitos à terra para cultivo e pastagem sejam frequentemente contestados pelos proprietários de terras' (Lahiff, 2009:103).

5.2.3 Arrendamento de mão de obra no condado de Umvoti

Aparentemente, as duas "explorações de trabalho" aqui estudadas (Aangelegen e

Olivesfontein) não foram afectadas pelas remoções estatais. Estavam ocupadas por pessoas ligadas à chefia Zondi e foram posteriormente convertidas em explorações de caça privadas aquando da sua venda a novos proprietários em 1974 e 1982, respetivamente.

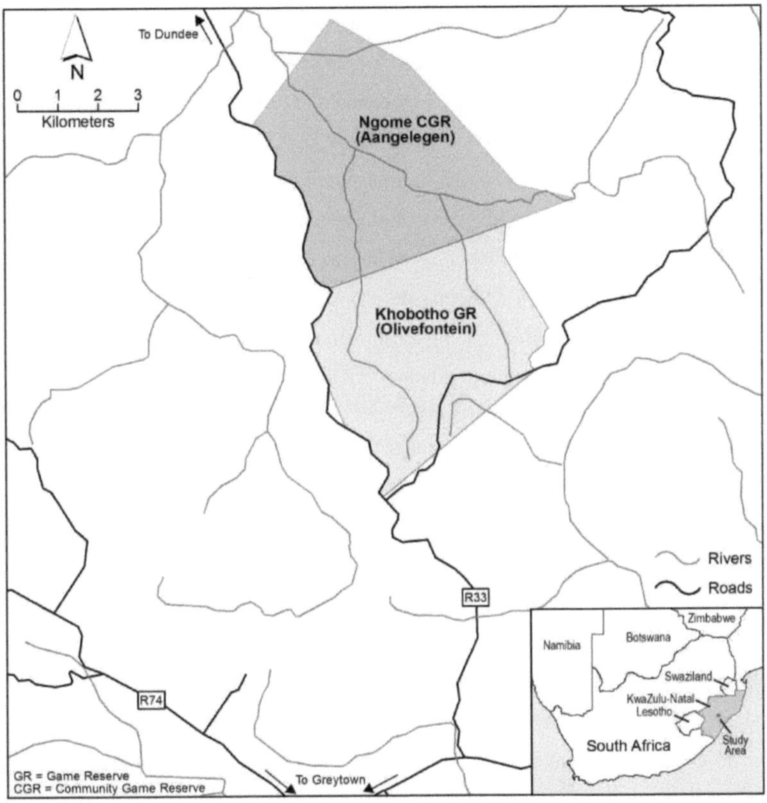

Figura 5.2: Mapa de localização das antigas explorações agrícolas de Aangelegen e Olivefontein

As explorações agrícolas em que a comunidade Zondi vivia como arrendatária têm as suas raízes no período de controlo Voortrekker no interior do Natal. O Volksraad (18391842), que teve vida curta, concedeu uma série de concessões de terras a agricultores Voortrekker que estavam a tentar escapar ao domínio britânico no Cabo. Após a tomada da Colónia do Natal pelos britânicos em 1843, colocou-se a questão de saber se estas concessões de terras eram válidas ou não. Brooks (1996) recorre à tese de doutoramento de Christopher (1969) para discutir a colonização de terras no recém-declarado condado de Weenen. Foram feitas várias tentativas para formalizar as concessões de terras, e a solução mais comum foi reconhecer as reivindicações de terras através de um sistema de 'quit rent'. Isto significava que as reivindicações eram reconhecidas como válidas desde que fosse paga uma pequena renda anual ao estado (ver Brooks 1996). No Natal, foram concedidas 584 concessões de terras, a maioria das quais na área adjacente a Pietermaritzburg, estendendo-se numa faixa contínua para além de Greytown" (Brooks, 1996:17). Uma delas foi Aangelegen, uma quinta de trabalho (arrendatária) pertencente a uma família afrikaner, os Nels, ao abrigo do sistema de arrendamento. Mais tarde, muitas das explorações agrícolas foram convertidas em propriedades livres (Brooks, 1996). Foi também o caso de Aangelegen, que passou do regime de arrendamento para o regime de propriedade em 1920, um ano após a sua transferência do pai para o filho, que no mesmo ano vendeu um número considerável de parcelas de terra numa base de propriedade (ver Quadro 5.1).

As quintas desta parte da colónia não estavam ocupadas pelos seus proprietários. Os proprietários ausentes possuíam terras mais férteis em zonas acessíveis da colónia, por exemplo, nos arredores de Greytown e perto de Pietermaritzburg. Assim, tal como já foi explicado, as explorações agrícolas do norte de "thornveld" foram deixadas aos africanos que tinham procurado uma posição na terra tornando-se arrendatários de mão de obra (McClendon, 1995; 2002; Brooks, 1996). A investigação arquivística sobre a história da exploração agrícola que nos ocupa aqui, Aangelegen, confirma este padrão (ver Quadro 5.1). Usando Aangelegen como uma lente, os títulos de propriedade de 1895 mostram que alguns dos anteriores proprietários da propriedade também possuíam quintas noutros locais do condado de Umvoti, incluindo Seven Oaks, Mispah e várias quintas fora de Greytown (ver Anexo 9). Este facto foi também confirmado por entrevistas com antigos rendeiros de Aangelegen que passavam os outros seis meses do ano a trabalhar em campos de cultivo em quintas fora de Greytown ou a viajar de quinta em quinta, fazendo furos. Aangelegen fazia claramente parte de uma cadeia de 'fazendas de trabalho' localizadas na região 'thornveld' do centro de Natal (Brooks, 1997). Estas constatações complementam a análise de McClendon, segundo a qual as 'fazendas de trabalho' ou 'fazendas de espinheiro' nos distritos de Weenen e em partes de Estcourt e Umvoti eram propriedade de proprietários ausentes que tinham fazendas comerciais nos distritos circundantes das terras médias do Natal e, por vezes, tão distantes como o Estado Livre de Orange (McClendon, 1995:52). Uma análise histórica da Subdivisão A de Aangelegen, através de pesquisa em arquivos, permite conhecer a história social e económica do condado de Umvoti, tal como se desenrolou no âmbito do sistema de arrendamento de mão de obra (ver Quadro 5.1 abaixo).

Quadro 5.1: Transacções de terras desde 1895 na quinta Aangelegen, condado de Umvoti, Natal

1895	❖ Thuenis Jacobus Nel and Philip Botha become joint-owners (cited in Appendix 5). Under quit rent system.
1911	❖ Thuenis Jacobus Nel becomes sole owner. Under quit rent system (see Appendix 5)
1919	❖ Thuenis Jacobus Nel transfers to his son, Thuenis Roux Nel. Under quit rent system (see Appendix 6).
1920	❖ Thuenis Roux Nel transfers Subdivision 'C' (for £1000); 'D' (for £1,277.4.9) & 'E' (for £1,277.4.9) of Subdivision A of Aangelegen to the van Rooyen family (father & 2 sons). Farm converted to freehold tenure. ❖ Same transfers Subdivision 'B' of Subdivision A of Aangelegen to Adriaan Petrus Botha, descendent of Philip Botha for (for £1000) ❖ Same transfers 'an undivided one-half share in and to Remainder of Subdivision A of Aangelegen' to Jacobus Cornelius Martens on 28th December 1920 for an unknown amount (see Appendix 8)
1927	❖ Maria Francina Martens (wife of J.C. Martens) and Overbreek Radyn Nel transfer Remainder of Subdivision A of Aangelegen to Friedrick Francis Martens & Helena Salomina Hobbs (born Martens), children of Maria Francina Martens & Jacobus Cornelius Martens per 1919 Joint Will (see Appendix 9)
1934	❖ Friedrick Francis Martens & Helena Salomina Hobbs transfer Remainder of Subdivision A of Aangelegen to Heinrich Jacobus Torlage of Redgates, Umvoti County, Natal for £1300
1944	❖ Heinrich Jacobus Torlage 'out of natural love and affection which he bears towards his son, the <u>undermentioned</u> transferee, had truly and legally donated' Remainder of Subdivision A of Aangelegen to his son Erwin Leberecht Torlage (see Appendix 10)
1965	❖ Erwin Leberecht Torlage transfers Remainder of Subdivision A of Aangelegen to George Campbell Hardman for R13000
1969	❖ George Campbell Hardman transfers Remainder of Subdivision A of Aangelegen to Redgate Holdings for an unknown amount to Redgate Holdings (Proprietary) Limited
1974	❖ Redgate Holdings (Proprietary) Limited transfers Remainder of Subdivision A of Aangelegen to Ramsay Daly for R25000 (see Appendix 17) ❖ Ramsay Daly converts the 'labour farm' into a game farm/ranch ❖ A new era of game ranching begins
1997	❖ Ramsay Daly transfers Remainder of Subdivision A of Aangelegen to Ingome Community Land Trust ❖ A new era of community game farming/ranching ❖ Ngome Community Game Reserve

5.2.4 A expropriação de terras em Aangelegen e o desenvolvimento da reserva de caça privada de Bhambatha's Kraal

Quando Ramsay Daly transformou a quinta de trabalho, Aangelegen, numa quinta de caça em 1974, foi nessa altura que os rendeiros que deviam fidelidade à chefia Zondi foram expulsos da quinta, após terem recebido avisos de despejo. Nesta altura, entre 15 e 20 famílias de rendeiros foram expulsas da quinta de Aangelegen, deixando apenas três famílias a fornecer mão de obra. Talvez seja irónico que a nova quinta de caça tenha sido baptizada de 'Bhambatha's Kraal' - referindo-se ao legado do famoso chefe Zondi que se opôs à autoridade britânica na chamada Rebelião de Bhambatha de 1906 (Guy, 2005) - ao mesmo tempo que se desenvolvia uma reserva de caça privada exclusiva que já não tinha lugar para o povo de Bhambatha! Possivelmente, a ideia de desenvolver uma atração turística cultural desempenhou um papel na escolha do nome (cada vez mais, o turismo nos campos de batalha tem sido um fator de lucro na província de KwaZulu-Natal).

Uma análise mais atenta do momento das expulsões (em 1974 e 1982) revela uma continuação do arrendamento de mão de obra na região de Ngome, depois de ter sido abolido pelo governo do apartheid na década de 1960. Para os antigos arrendatários de mão de obra, o sistema de arrendamento de mão de obra convencional continuou até à conversão das duas "explorações de mão de obra" (Aagelegen e Olivefontein) em explorações de caça (em 1974 e 1982, respetivamente) - mas, mesmo nessa altura, alguns *imizi* foram especialmente escolhidos para permanecerem a residir nas explorações, agora reconstituídas como trabalhadores para as reservas de caça. Assim, numa perspetiva, a história retrata uma continuação do arrendamento de mão de obra em novas condições. Três *imizi* (agregados familiares) em cada uma das duas "quintas de trabalho" foram especialmente escolhidos para ficar (enquanto os restantes arrendatários de trabalho foram despejados). Os seus membros foram agora reconstituídos como trabalhadores para a reserva de caça.

A venda das 'quintas de trabalho' acima mencionadas e o despejo dos arrendatários trabalhadores para dar lugar à criação de caça foi um acordo entre proprietários de terras privados brancos e não foi diretamente influenciado pelo governo do apartheid - ao contrário dos AbeKunene, discutidos na secção seguinte, que são vítimas de uma remoção do 'ponto negro' conduzida por funcionários do governo do apartheid, com base nas políticas de consolidação da pátria. É por isso que estes arrendatários operários em particular (a comunidade Zondi) não receberam campos de reinstalação aquando do seu despejo. Em vez disso, os antigos trabalhadores arrendatários de Ngome tiveram de procurar refúgio nas comunidades vizinhas: Reserva da Missão Ethembeni (Luterana), distrito de Umvoti (DLA citado em Zondi, 1998) e no interior da antiga pátria KwaZulu, onde o clã Zondi, descendente de Bhambatha, estava geograficamente confinado.

5.2.5 A reivindicação de terras e a liquidação

O início da democracia permitiu à comunidade Zondi obter o título de propriedade do Kraal de Bhambatha (rebaptizado Reserva de Caça Comunitária de Ngome) através do processo de reforma agrária em 1997. Inicialmente, o chefe apresentou um pedido de restituição, mas foi informado de que este não seria bem sucedido porque a terra foi tomada pela república dos caminhantes, muitas décadas antes da Lei de Terras de 1913. Uma forma de contornar esta situação foi trabalhar através do programa de redistribuição de terras, um processo facilitado pelo facto de os antigos condados de Weenen e Umvoti terem sido escolhidos como área para o projeto-piloto de redistribuição de terras da província (Brooks, 1996).

No entanto, é importante notar que este acordo não se traduziu numa transferência de título de propriedade para os actuais trabalhadores arrendatários que foram expulsos para dar lugar à reserva de caça privada em 1974, ou mesmo para aqueles que foram autorizados a ficar para trás e se tornaram seus trabalhadores. Isto deveu-se ao facto de a reivindicação de terra não ser uma reivindicação dos trabalhadores, mas parte de uma reivindicação de terra "tribal" apresentada contra uma série de quintas por Nkosi Khulekani Zondi em nome de uma comunidade Zondi muito mais vasta (que incluía os antigos trabalhadores arrendatários mas não os reconhecia de forma especial).

A situação em que os arrendatários trabalhadores são prejudicados no acordo de redistribuição é comum. Um dos problemas reside no facto de o acordo de redistribuição ser precedido de um agrupamento de subsídios familiares. Os rendeiros têm de juntar os seus subsídios com outros requerentes para poderem pagar a exploração agrícola destinada à redistribuição. Além disso, as decisões sobre a utilização das terras após a reivindicação não são tomadas pelos rendeiros, mas pelas estruturas de autoridade da comunidade, nomeadamente o chefe e o community trust. Estes problemas foram referidos por vários comentadores, como por exemplo Lahiff:

Noutros casos, os arrendatários operários tiveram de recorrer a pessoas de fora para angariar fundos suficientes para a aquisição de terras que já ocupam e utilizam, reduzindo assim o seu acesso à terra e melhorando a sua posse. Esta situação deve-se à política de resolução dos pedidos dos arrendatários operários através da utilização de subsídios de redistribuição, em vez de desenvolver mecanismos específicos adaptados às necessidades dos arrendatários operários (Lahiff, 2009:109).

Para a comunidade Zondi, a aplicação da redistribuição de terras forçou a junção de subsídios familiares que levaram à compra de uma série de quintas, incluindo duas reservas de caça privadas - a reserva de caça Bhambatha's Kraal (na antiga quinta Aangelen) e a reserva de caça Inhlamvunkulu, incorporada na Bhambatha's Kraal antes de 1994. Este facto teve sérias implicações para os agregados familiares arrendatários de mão de obra expulsos a partir de 1974 - foram proibidos de regressar às suas terras originais e não receberam qualquer compensação pela sua perda. A subvenção às famílias, que poderia ser considerada como uma indemnização, foi engolida pelo agrupamento de subvenções para obter a série de explorações agrícolas reivindicadas pela autoridade tribal sob os auspícios do Ngome Community Land Trust.

Este resultado deve-se em parte ao facto de se tratar da fase inicial do programa de reforma agrária. É lamentável que, quando a reclamação de terras foi apresentada em 1997, os rendeiros (incluindo os que foram despejados em 1974) não tivessem conhecimento da Lei da Reforma Agrária (Rendeiros) de 1996 e da Lei da Extensão da Segurança da Posse (ESTA) de 1997, que inclui disposições que permitem aos rendeiros reclamar as terras onde residem, da mesma forma que uma reclamação de restituição de terras. Ironicamente, os três agregados familiares de rendeiros que ainda viviam na reserva de Kraal de Bhambatha foram expulsos da Reserva de Caça Comunitária de Ngome em 2003 pelo então proprietário da terra Trust e por Nkosi Mbongeleni Zondi (ver Placa 6.1). Os Serviços da Polícia Sul-Africana (SAPS) foram utilizados para despejar uma família particularmente resistente.

Grande parte do debate académico e da reflexão sobre a reforma da posse tem-se centrado na segurança da posse dos habitantes das explorações agrícolas comerciais e das zonas comunais, o que não é surpreendente dado o grande número de pessoas que residem nessas zonas. Como observa Lahiff, é triste e irónico que:

Tanto o número de despejos como o número total de pessoas deslocadas das explorações agrícolas foi maior no período 1994-2004 (a primeira década da democracia) do que na última década do apartheid. A introdução do ESTA (em 1997) não parece ter trazido qualquer trégua. Com efeito, 2003 foi o terceiro pior ano em termos de expulsões durante o período de 20 anos, apenas ultrapassado por 1984 e 1982, ambos anos de seca excecional que afectaram gravemente o sector agrícola. Dois terços dos despejos foram relacionados com a agricultura, sendo os restantes resultantes de litígios entre proprietários e ocupantes (Lahiff, 2009: 104-5).

Como mostra o caso de Zondi, alguns habitantes das quintas "sobreviveram" às anteriores remoções forçadas para a criação de caça privada na era do apartheid, apenas para serem despejados na era democrática pelo seu próprio truste e chefe. Mais uma vez, há alguma ironia no facto de a nova dispensa se chamar 'Reserva de Caça Comunitária de Ngome' e, no entanto, estes membros da comunidade terem sido despejados pelo seu próprio truste e chefe depois de uma vida inteira nesta terra.

5.2.6 Do Kraal de Bhambatha para a Reserva de Caça Comunitária de Ngome

A reserva de caça comunitária de Ngome está situada no município do distrito de Umzinyathi, sob o município local de Umvoti, no KwaZulu-Natal. Como já foi explicado, faz parte de uma série de explorações agrícolas que a comunidade Zondi recebeu através do processo de redistribuição de terras em 1997. A reserva de caça comunitária, anteriormente conhecida como Bhambatha's Kraal, passou a chamar-se Ngome Community Game Reserve para refletir a sua transformação de reserva de caça privada em reserva de caça "comunitária".

É gerida pelo Ngome Community Land Trust (NCLT) em parceria com a KwaZulu-Natal Hunting and Conservation Association (KZNHCA) e a Ezemvelo- KZN Wildlife (EKZNW). O NCLT é uma entidade gestora de terras a quem foram confiados os direitos de propriedade da reserva de caça comunitária. Este fundo foi eleito em 2004, após a despromoção de um fundo anterior devido a alegações de corrupção e branqueamento de capitais. (Como discutido mais tarde, o fundo anterior era aconselhado por um antigo membro do Parlamento do IFP que também estava envolvido em tais alegações).

Placa 5.1: Entrada para a Reserva de Caça Comunitária de Ngome

5.2.7 A Reserva de Caça de Khobotho desmantelada

Um contraste interessante com a história do Bhambatha's Kraal é proporcionado pela história dos trabalhadores arrendatários da quinta vizinha de Olivefontein. Esta quinta foi convertida para a caça em 1982, quando passou a fazer parte da reserva de caça Bhambatha's Kraal. Várias famílias de arrendatários sobreviveram à conversão, enquanto outras foram despejadas. A reserva de caça de Khobotho está situada no município do distrito de Umzinyathi, sob o município local de Umvoti. Está separada por uma vedação da Reserva de Caça Comunitária de Ngome.

Em 1990, os dois proprietários decidiram dividir-se em duas reservas de caça separadas (Bhambatha's Kraal e Khobotho). Em 1996, a propriedade de Khobotho foi transferida para um novo proprietário, que ficou com o título de propriedade até 2007. Durante este período, foi apresentada à Comissão de Reivindicação de Terras uma reivindicação de arrendamento da quinta, mas foi adiada devido a um conflito com a autoridade tradicional de Zondi, uma vez que foi considerada uma reivindicação concorrente.

Por fim, em 2007, a propriedade da Reserva de Caça de Khobotho foi transferida para o Izanqawe Trust, depois de a reivindicação do arrendatário trabalhista ter sido bem sucedida. Khobotho fazia parte de um assentamento mais alargado de arrendatários que incluía duas outras explorações agrícolas, uma das quais é uma exploração madeireira. O Trust deriva o seu nome de Ezanqaweni, um topónimo utilizado pelos habitantes locais para se referirem à Reserva de Caça de Olivefontein/Khobotho antes da sua conversão de "quinta de trabalho" em reserva de caça. Embora Nkosi Mbongeleni Zondi se tenha tornado o décimo membro do trust, o DLA tinha deixado claro desde o início que estava a transferir terras especificamente para os arrendatários trabalhadores que foram retirados à força para dar lugar à Reserva de Caça do Khobotho em 1982, incluindo os três *imizi* que tinham sido escolhidos para permanecer como trabalhadores da reserva de caça. O DLA também deixou claro que Nkosi Mbongeleni Zondi não deveria interferir com as questões dos "rendeiros-trabalhadores", uma vez que ele não foi vítima do despejo dos rendeiros-trabalhadores em 1982 e, portanto, não é um beneficiário da terra. O resultado aqui é diferente do que se passa na vizinha Reserva de Caça Comunitária de Ngome. Devido a vários factores, a reserva de caça de Khobotho foi desmantelada como reserva de caça e está a ser utilizada para colonização e criação de gado.
para efeitos de conservação (ver apêndice 1).

Placa 5.2: Alojamento vandalizado no que costumava ser a Reserva de Caça de Khobotho

5.3 A experiência de expropriação da comunidade de AbeKunene e a reivindicação de terras

Há uma segunda comunidade em estudo. Trata-se da comunidade de AbeKunene, situada em KwaHlathi, perto de Wasbank, no distrito de Dundee. Foram outrora proprietários de terras, tendo sido retirados à força das suas terras em 1968, no âmbito de uma ação de remoção de manchas negras. Receberam uma quinta de caça como compensação pelas suas terras após um pedido de restituição de terras "bem sucedido". Para compreender a sua história, é importante rever brevemente a história dos proprietários de terras africanos e a sua experiência de serem identificados como 'pontos negros' e removidos durante o período do apartheid.

No entanto, antes de iniciar esta análise, é importante contextualizar a natureza e a geografia da chefia Kunene, que migrou para sul com os seus 'súbditos' do que é hoje conhecido como Suazilândia e se estabeleceu em Edendale, nos arredores de Pietermaritzburg. A partir da segunda metade do século XIX, um grupo do povo Kunene deslocou-se para sul com o seu chefe Sigweje e estabeleceu-se em terras de missão em Edendale. Nas terras da missão, o chefe foi um dos primeiros a converter-se ao cristianismo e tornou-se uma figura que pode ser referida como um chefe Kholwa (crente cristão). De acordo com Jeff Guy (comunicação pessoal, 6 de dezembro de 2011), um chefe Kholwa não fazia parte do Natal Native Trust, nem da estrutura de Shepstone. Aqui, "chefe" é mais um título administrativo - "o homem que manda". O governo colonial do Natal precisava de alguém com quem falar, pelo que uma pessoa sénior da comunidade kholwa recebia o título de 'chefe' e recebia um título de propriedade numa base de propriedade livre - um tipo de chefia muito diferente do que se encontra nas terras tribais. A chefia do chefe Luthuli em Groutville era de natureza semelhante. No caso dos AbeKunene, Sigweje já era um chefe suazi.

Sigweje formou um sindicato para comprar terra com a ajuda de missionários. Eventualmente, encontraram um pedaço de terra com a ajuda de alguma contribuição financeira por parte da comunidade AbeKunene e mudaram-se para norte, para Boschhoek, perto de Wasbank, no distrito de Dundee. A comunidade AbeKunene permaneceu então em Boschhoek desde a década de 1870 até à sua remoção do 'ponto negro' em 1968.

Alguns dos membros da comunidade explicaram ao investigador as geografias dos

AbeKunene:

> O povo de Kunene veio da Suazilândia. Eram liderados pelo seu chefe, Sigweje. Ficaram durante algum tempo em eDumbe, Paulpietersburg. Depois afastaram-se e seguiram em direção a Pietermaritzburg e estabeleceram-se lá. Aconteceu que o nosso bisavô Sigweje (uKhokho Sigweje) ouviu a história sobre o local, Boschhoek, que estava à venda. Comprou então o terreno e faleceu pouco tempo depois. Esse lugar, Boschhoek, foi comprado em 1870; Sigweje não chegou a lá ir e não viu o lugar porque já tinha falecido. Ficámos desde a década de 1870 até à década de 1960, quando eles [o governo do Partido Nacional] começaram a ameaçar-nos (membro da comunidade de AbeKunene, julho de 2009).

> Se eu voltasse atrás, quando ele (Sigweje) faleceu em kwaMpumusi, tudo [relacionado com a compra de terras em Boschhoek] estava completo. Os escritórios centrais estavam em Pietermaritzburg, onde a terra foi comprada. O Chefe Sigweje conseguiu assinar, mas depois ficou doente. A sua doença atrasou a nossa partida para Boschhoek (kwaHlathi). Sigweje foi sucedido por Lubelo, o seu irmão. Quando chegámos a kwaHlathi, na terra que foi comprada, era o Lubelo que estava no comando. Depois do Lubelo, posso dizer que tivemos chefes interinos (*ababambeli*). Depois da morte de Lubelo, houve um chefe interino uBhok'felo, e depois houve Nicholas (uMbango, uMkhulunyelwa) que faleceu em 1965/6, se não estou em erro. Quando o chefe Didumndeni era jovem, havia um *ibamba* [um regente] no seu lugar, Godfrey Molefe (membro da comunidade de AbeKunene, julho de 2009).

5.3.1 Proprietários africanos de terras livres e remoções de "pontos negros

As origens da propriedade livre africana remontam a meados do século XIX, quando um pequeno campesinato (predominantemente cristão ou Amakholwa) estava a emergir na sociedade africana no Natal e noutras partes do país (Relatório AFRA 15, abril de 1985). A maior parte das aquisições de terras por parte dos africanos foi feita no interior, onde a terra era mais barata do que ao longo da costa, ao longo do sopé do Drakensberg e nos distritos do norte da Colónia do Natal, em torno de Ladysmith e Newcastle, onde poucas terras tinham sido reservadas como reservas (Relatório AFRA 15, abril de 1985). Como resultado, surgiu na região uma classe de camponeses negros que começaram a produzir excedentes para o mercado (Kane-Berman, 1981). Durante um breve par de décadas, este grupo floresceu e transformou-se num campesinato reconhecível e frequentemente próspero e foi desta nova classe de agricultores e empresários africanos que surgiram os primeiros proprietários de terras africanos" (Surplus People Project, 1983:24).

Nessa altura, era legal na Colónia do Natal que os africanos negros possuíssem terras, mas isso mudou depois de 1913.

> As manchas negras são, como o nome indica, ilhas de posse negra em zonas supostamente brancas. Pertencem, em geral, aos estratos mais prósperos do campesinato africano que puderam, quando isso era legal, antes da divisão de terras de 1913, adquirir propriedades livres, muitas vezes através de empresas de ex-trabalhadores ou da agência das missões (Freund, 1984:51).

Durante a década de 1950, sob o governo nacionalista, a expressão "pontos negros" foi cada vez mais utilizada para designar os terrenos de propriedade livre dos negros. Nesta altura, estas explorações foram seriamente ameaçadas. Como já foi referido, as chamadas 'manchas negras' eram uma criação de um período anterior de política nativa e a sua remoção não tinha sido uma questão importante antes dos anos 50 (Platzky e Walker , 1985). No entanto, a existência continuada destas explorações agrícolas africanas era uma anomalia num contexto em que os bantustões eram supostamente as únicas e tradicionais pátrias da população africana (Platzky e Walker, 1985). O governo manifestou a sua vontade de apagar os 'pontos negros' do mapa.

De acordo com o Relatório AFRA, 16, abril de 1982, o termo "mancha negra", embora amplamente compreendido, era "ideologicamente carregado, uma propaganda emotiva criada a partir da supremacia branca". Era frequentemente utilizado de forma extremamente vaga pelos funcionários do governo do apartheid para descrever - ou condenar - qualquer área ocupada por negros que quisessem deslocar (Relatório AFRA, 16, abril de 1982). Para além dos proprietários de terras africanos, também abrangia as colónias de missões. As "manchas negras" referem-se a áreas onde se desenvolveram colonatos rurais africanos em terras que eram propriedade ou arrendadas por eles, ou em terras pertencentes a missões na África do Sul branca" (de Wet, 1984:360). Platzky e Walker (1985) afirmam que 'ponto negro' é o termo que foi usado para descrever tanto as terras africanas de propriedade livre como as terras pertencentes à igreja ou às estações missionárias arrendadas a africanos individuais - em ambos os casos, terras que se inseriam no que o governo do apartheid tinha declarado como área agrícola branca.

O governo do apartheid utilizou a deslocalização em alturas diferentes contra pessoas diferentes (Platzky e Walker, 1985). A partir da década de 1950, a maioria das pessoas que foram removidas à força foram vítimas do Group Areas Act (nas cidades), do planeamento de melhoramentos nos Bantustões e da eliminação dos pontos negros e do arrendamento de mão de obra nas zonas rurais brancas (Platzky e Walker, 1985). Por conseguinte, a narrativa das remoções forçadas é um tema muito vasto que envolve políticas específicas implementadas pelo governo do apartheid, que afectaram as pessoas de forma diferente. A remoção dos pontos negros faz parte da geografia histórica da comunidade de AbeKunene, uma vez que esta foi objeto de uma remoção de pontos negros em 1968.

Essas remoções foram incluídas nas Leis de Terras de 1913 e 1936, que restringiam a propriedade de terras por negros às reservas ou bantustões (Baldwin, 1975). A aprovação das Leis da Terra segregacionistas de 1913 e 1936 "pôs fim a qualquer outra compra de terras fora das reservas proclamadas" (Relatório AFRA, 15, abril de 1985). Embora inicialmente as terras que já tinham sido compradas por africanos tivessem sido autorizadas a permanecer nas mãos dos negros, esta situação viria a alterar-se durante o período do apartheid.

As políticas de eliminação dos pontos negros foram levadas a cabo em termos dos objectivos de consolidação da pátria do governo do apartheid (Kane-Berman, 1981). Hallet descreveu-a da seguinte forma: Esta erradicação de bolsas de terras africanas de propriedade livre situadas para além dos limites demarcados pelas Leis de Terras de 1913 e 1936 é talvez melhor classificada como parte da "consolidação" da África do Sul "branca"" (Hallet, 1984:315). A remoção das manchas negras começou na década de 1950 como resposta à política do governo do apartheid, segundo a qual os africanos deveriam viver apenas em bantustões/terras natais (Platzky e Walker, 1985). Ao remover as manchas negras, o governo nacionalista pretendia inverter o que considerava ser o '*beswarting*' ('enegrecimento') do *platteland* ou do campo na década de 1950 (Surplus People Project, 1983). O acima exposto ilustra a ênfase que a remoção das manchas negras foi principalmente uma resposta à política do governo do apartheid - que os africanos deveriam residir apenas nos bantustões/terras natais, onde 'pertenciam'.

5.3.2 A expulsão dos AbeKunene de Boschhoek

O programa de remoções de "pontos negros" do Estado do apartheid começou a sério no norte do Natal na década de 1960, com a seleção de uma série de quintas nos distritos de Vryheid, Newcastle e Dundee" (Walker, 2008:84). Uma dessas quintas era a quinta Boschhoek. A comunidade AbeKunene da quinta Boschhoek foi removida em 1968, durante o período em que a remoção de manchas negras atingiu o seu auge no norte do Natal.

Como o relatório do Surplus People Project sobre Natal observou, em 1968 'as remoções de pontos negros em Natal ganharam destaque com a remoção de dez pontos negros na área de Wasbank/Dundee para Limehill. As pessoas afectadas opuseram-se amargamente a estas remoções, que geraram uma publicidade considerável e condenação internacional" (Surplus People Project, 1983:102). Uma delas foi Boschhoek. A comunidade de AbeKunene mostrou de facto alguma oposição à remoção forçada - este facto é realçado por um artigo de jornal referido abaixo. A quantidade de atenção dos media que este ponto negro em particular (Boschhoek) atraiu

após a remoção é surpreendente. Um dos entrevistados salientou que a sua remoção foi publicada num jornal uma semana após o acontecimento. O artigo foi localizado na biblioteca Killie Campbell, um centro de recursos da UKZN em Durban, onde são guardados os arquivos dos jornais. Apareceu no jornal *Ilanga*, com data de sábado, 24 de agosto de 1968. O artigo cita o chefe da altura, Nkosi Inca Kunene (o pai do atual chefe), dizendo: 'Não queríamos mudar. Não nos dirigimos ao governo e pedimos para sermos removidos, nem pedimos a sua assistência e conselho. Queremos ficar aqui, em Boschhoek' (*Ilanga*, 24/08/68, tradução do autor). O artigo refere que o chefe se mostrou inicialmente relutante e resistiu à remoção para o campo de reinstalação de Vergelegen, mas que mais tarde foi subjugado às exigências do governo do apartheid.

Atualmente, a vida desta comunidade está entrelaçada com pelo menos quatro espaços geográficos diferentes. Estes são brevemente descritos de seguida.

5.3.3 Quinta de Boschhoek

A quinta Boschhoek situa-se numa zona chamada Hlathikhulu, no município do distrito de Umzinyathi, sob o município local de Endumeni, em KwaZulu-Natal (AFRA, 2006). Em 20 de agosto de 1968, os proprietários foram removidos à força para um campo de reinstalação, Vergelegen, situado a cerca de 30 quilómetros de distância. Pouco tempo depois da remoção forçada, o governo do apartheid tentou explorar carvão na zona, o que rapidamente fracassou. A quinta de Boschhoek foi mais tarde ocupada pelo exército (atualmente conhecido como a Força de Defesa Nacional Sul-Africana) em 1972 e é utilizada como campo de treino até hoje. A comunidade AbeKunene lutou mas não conseguiu regressar a Boschhoek durante duas décadas, antes de apresentar oficialmente a sua reivindicação de terra em 16 de abril de 1996 (AFRA, 2004). O processo de reforma agrária pós-apartheid, e em particular a Lei de Restituição dos Direitos à Terra (1994), tornou isto possível. Contudo, depressa se tornou claro que a ideia de regressar a Boschhoek não teria sucesso porque o estado estava determinado a manter a terra como campo de treino para a SANDF, devido ao seu 'papel vital' no treino. A comunidade de AbeKunene foi então forçada a procurar terras alternativas noutro lugar. A reivindicação de terra de Boschhoek foi resolvida por meio de terras alternativas. Esta foi concluída em 2006, dez anos após a apresentação oficial da reivindicação de terra. A quinta de Boschhoek continua sob o controlo da SANDF e é utilizada para fins de formação (Ngubane, 2009).

Placa 5.3: Quinta de Boschhoek (sinal de aviso da SANDF no portão de entrada)

O leitor deve reparar na última linha do quadro de avisos apresentado na placa 5.3; diz "POR ORDEM DO MINISTÉRIO DA DEFESA". Isto mostra a autoridade que a SANDF tem sobre Boschhoek. O investigador não pôde aceder a Boschhoek em parte devido ao longo processo envolvido na obtenção de cartas de autorização, que só podem ser obtidas no campo de treino principal em Ladysmith após um processo de interrogatório conduzido pela SANDF.

5.3.4 Campo de reinstalação de Vergelegen

A base legal para o estabelecimento de campos de reinstalação foi fornecida pela Lei 52 de 1951, relativa à prevenção da ocupação ilegal de terras, ultrapassando assim os problemas de residência alternativa, e muitas pessoas foram removidas à força para estes campos durante o final da década de 1960 e o início da década de 1970 (Davenport e Hunt, 1974 citados em Baber, 1991:54).

Placa 5.4: Uma parte do campo de reinstalação de Vergelegen (eMahlabathini)

Quando a comunidade AbeKunene foi removida à força de Boschhoek em 1968, foi 'despejada' num campo de realojamento, Vergelegen, a cerca de 30 quilómetros de distância. Os AbeKunene têm vivido aqui desde a sua deslocação em 1968. Vergelegen é por vezes chamado KwaHlathi omusha ou KwaHlathi, ambos derivados de um nome indígena para Boschhoek, Hlathikhulu. Quando a comunidade AbeKunene foi removida à força de Boschhoek (Hlathikhulu), levou consigo o nome Hlathikhulu, que é utilizado numa forma abreviada (Hlathi) para se referir também ao campo de reinstalação. Vergelegen está situado no município do distrito de Uthukela, sob o município local de Indaka, em KwaZulu-Natal. Como a comunidade de AbeKunene vive em Vergelegen há mais de 40 anos, tornou-se difícil para as pessoas deixarem a zona de reinstalação e instalarem-se em Kuickvlei, uma das duas quintas que a comunidade recebeu como terra alternativa no acordo de restituição. Vergelegen está dividido em quatro secções, como se segue: (i) eNumber One, (ii) eNumber Two, (iii) eZihlabathini e (iv) eMahlabathini.

5.3.5 Kameelkop Game Farm (atualmente designada Nqabayamaswazi Game Farm)

A quinta de caça de Kameelkop (recentemente rebaptizada Nqabayamaswazi) está situada no município do distrito de Umzinyathi, sob o município local de Indaka, perto de Wasbank. É uma das duas parcelas de terra (Kameelkop e Kuickvlei) que a comunidade de AbeKunene recebeu através do acordo de restituição de terras em 2006 (ver Figura 5.3). Como explicado, a comunidade recebeu a quinta de caça porque não podia regressar ao seu local original, Boschhoek, que é propriedade da SANDF. Por outras palavras, a reivindicação de terras de Boschhoek foi resolvida através de terras alternativas/compensatórias, e foi assim que a comunidade de AbeKunene se tornou proprietária da exploração de caça de Kameelkop. Recentemente, mudaram-lhe o nome para Nqabayamaswazi Game Farm. A quinta de caça era anteriormente propriedade de um agricultor branco, que participou na sua gestão durante algum tempo depois de a quinta de caça ter sido transferida para o Boschhoek Community Trust.

Placa 5.5: Entrada da exploração de caça de Kameelkop (Nqabayamaswazi)

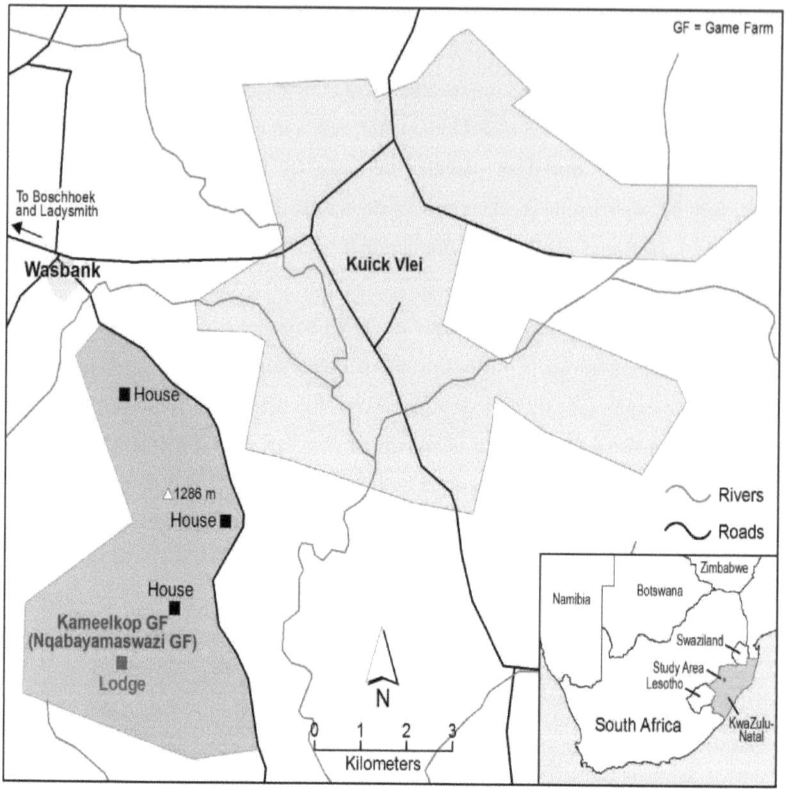

Figura 5.3: Mapa de localização da exploração de caça Nqabayamswazi em relação à exploração Kuickvlei

Placa 5.6: O Fundo Comunitário de Boschhoek

O Boschhoek Community Trust (BCT) é o principal organismo responsável pela exploração cinegética a favor da comunidade AbeKunene. O nome do BCT deriva, naturalmente, da quinta de Boschhoek, a terra da qual a comunidade foi retirada à força e à qual não pode regressar. O presidente do Trust é Nkosi Kunene, que foi eleito para o mesmo cargo. Nkosi Kunene explica:

> ... as pessoas diziam que a terra devia ser governada da mesma forma que em Boschhoek. A terra era governada por Trusts e iNkosi era o presidente. Quando recebemos a terra, as pessoas estavam esperançadas que as coisas continuassem como estavam em termos de governação da terra e que elas tivessem um papel nisso, como no passado, e que nada mudasse em termos de membros do Trusts e de administração da terra, porque é o mesmo iNkosi e os Trusts. A nossa terra era governada por sete Trusts, mais o iNkosi como presidente. Quando recebemos a terra [compensatória], dissemos que íamos aplicar o mesmo sistema e registámos o Fideicomisso junto da Comissão de Reclamações de Terras, que nos ajudou a registar o Fideicomisso. Quando recebemos a terra de volta, ela era governada pelo Fideicomisso da mesma forma que em Boschhoek - isso foi muito útil.
>
> Como iNkosi, estou lá como presidente, não como único mandatário para governar a terra, e mantivemos o 'status quo' tal como era feito no passado. Isso ajudou-nos realmente a manter a ordem e a manter os "oportunistas" afastados, porque, em alguns casos, os "oportunistas" vêem uma brecha para fazer as coisas à sua maneira. O facto de termos um Trust que foi eleito pelo povo, não tivemos esses problemas. Isto foi útil para manter a paz e para nos tornarmos progressistas no que quer que estejamos a fazer, porque toda a gente está envolvida - eles têm os seus próprios representantes eleitos que falam em seu nome sobre questões de terra (Nkosi Kunene, julho de 2009).

O papel do chefe na exploração cinegética comunitária é analisado mais pormenorizadamente no capítulo sete.

Outros intervenientes na exploração de caça de Nqabayamaswazi incluem a autoridade provincial de conservação da natureza (Ezemvelo KZN Wildlife), o antigo DLA (atual Departamento de Desenvolvimento Rural e Reforma Agrária) e a Associação de Caça e Conservação de KZN (KZNHCA). Como quinta de caça comunitária, Nqabayamaswazi é um exemplo de gestão comunitária da vida selvagem. É gerida como uma exploração de caça. Um aspeto único neste caso é que, tal como descrito, os reclamantes da terra (comunidade AbeKunene) não reclamaram diretamente a exploração de caça, mas receberam-na 'indiretamente' como terra alternativa através do programa de restituição de terras porque não podiam regressar a Boschhoek. Ironicamente, a SANDF incorporou a quinta original Boschhoek no seu programa de 'Património Natural' e assim, para além do argumento da formação, a sua decisão de manter Boschhoek parece também ser influenciada pela conservação da natureza. Isto foi confirmado após um estudo que garantiu que a quinta tinha um elevado valor de biodiversidade (ver Anexo 4).

5.3.6 Quinta Kuickvlei

Kuickvlei está situada no município do distrito de Umzinyathi, sob o município local de Indaka, em KwaZulu-Natal. É uma das duas explorações agrícolas (Kameelkop e Kuickvlei) que a comunidade de AbeKunene recebeu como terra alternativa através do programa de restituição de terras em 2006. A Kuickvlei está situada junto à exploração de caça Nqabayamaswazi e foi designada como terra de povoamento para a comunidade de AbeKunene. Kuickvlei está aberta à colonização humana desde a resolução da reivindicação de terras em 2006, mas a maior parte da comunidade de AbeKunene permanece em Vergelegen (campo de reinstalação) e ainda não se mudou para Kuickvlei. Até ao final de 2010, apenas um pequeno número de pessoas se tinha instalado. O resto da comunidade está relutante em vir porque se estabeleceu no campo de reinstalação (Vergelegen) ao longo das décadas desde a sua chegada em 1968. Têm água e eletricidade, ao contrário do que acontece em Kuickvlei, onde têm de começar do zero (Ngubane, 2009).

Placa 5.7: Entrada para a exploração Kuickvlei (terra de assentamento compensatório para a comunidade de AbeKunene)

A partir de agosto de 2010, o Boschhoek Community Trust começou a limpar alguma vegetação para actividades agrícolas, na sequência de um inquérito realizado pelo Departamento de Agricultura que confirmou a adequação da área para a agricultura. Especula-se que, no final de 2011, a lavoura teria começado em Kuickvlei. É de salientar que a comunidade de AbeKunene não tem a certeza da sua segurança de posse no campo de reinstalação onde reside atualmente, bem como em Kuickvlei, para onde se espera que se mude em breve.

A situação é ainda mais complicada devido às ameaças à segurança da posse da terra e às incertezas impostas por outras pessoas que reivindicam verbalmente a antiga quinta de caça de Kameelkop (Nqabayamaswazi Game Farm). 'Há pessoas que reclamam Kameelkop como sendo delas' (membro da comunidade de AbeKunene, julho de 2009). 'Há pessoas que foram retiradas de Kameelkop e querem a sua terra de volta. São o clã AbaThembu. Eles estão a ameaçar-nos' (membro da comunidade AbeKunene, julho de 2009). Os AbeKunene lamentam o facto de se terem apoderado de terras que outrora pertenceram a outras pessoas.

A última secção do capítulo apresenta um breve historial do desenvolvimento da indústria privada da fauna bravia na África do Sul a partir da década de 1950. Vale a pena reiterar que, tal como explicado, os trabalhadores arrendatários em Ngome (os Zondis) foram diretamente afectados por este desenvolvimento, uma vez que foram deslocados no processo de estabelecimento de explorações privadas de caça. E ambas as comunidades em análise obtiveram a propriedade de fazendas de caça privadas através do processo de reforma agrária - um desenvolvimento que é o foco principal deste estudo.

5.4 Breve história da cinegética privada na África do Sul

Esta secção analisa brevemente a literatura sobre a formação de explorações ou ranchos de caça privados e a sua proliferação a partir da década de 1950. Como Cousins et al. salientam, os empreendimentos comerciais privados de fauna bravia têm uma série de nomes, incluindo 'explorações de caça, ranchos, reservas e conservações - nomes que muitas vezes parecem ser intercambiáveis e usados de acordo com a preferência do proprietário' (Cousins; Sadler e Evans, 2008:44). Benson oferece uma definição útil:

> O termo "pecuária" é aplicado ao sistema de gestão na África do Sul, onde os animais que são geridos em terras privadas vagueiam livremente ou são cercados em grandes pastagens e são utilizados como base de rendimento. A caça é a atividade recreativa mais importante da criação de gado na África do Sul... ' (Benson, 1991:498).

As reservas de caça privadas são também utilizadas para fins de lazer e ecoturismo.

De acordo com Carruthers (2008), os colonizadores assumiram que, para que a agricultura moderna prosperasse, a fauna bravia de África deveria ser exterminada para dar lugar ao gado bovino, ovino e caprino, e 'em toda a África, na primeira metade do século XX, os Departamentos de Agricultura e Caça tinham agido de acordo com este objetivo' (Carruthers, 2008:160,165). De facto, a fauna bravia era considerada um concorrente indesejável para o pasto que poderia ser melhor utilizado para produzir gado doméstico (Bothma, 2002:23). No entanto, alguns agricultores na África do Sul pensavam o contrário e, desde que a propriedade fosse suficientemente grande e a presença contínua de antílopes não tivesse um impacto negativo no gado e noutras operações agrícolas, era frequentemente autorizada a sua permanência (Carruthers, 2008:165).

Durante o século XX, os esforços de conservação trabalharam para 'aumentar o número de herbívoros selvagens para níveis em que o uso não consuntivo fosse possível, e mesmo para o ponto em que o uso consuntivo fosse necessário' (Carruthers e Pinaar, 1990 citado em Palmer et al., 2006:363). Este período coincidiu com o estabelecimento de áreas protegidas estatais.

Foi apenas a partir da década de 1950 que se notou uma tendência sem precedentes de proliferação de reservas de caça de propriedade privada (Langholz e Lassoie, 2001; Carruthers, 2008). Ramutsindela explica como o regime racista de propriedade privada da terra foi alargado à propriedade da vida selvagem:

> Poder-se-ia sugerir que as várias formas de propriedade (posse) da fauna bravia não só seguem a mesma lógica de dualismo que se encontra na propriedade da terra, mas também diferenciam a propriedade com base na raça. Por outras palavras, os pontos comuns entre a propriedade da terra e a propriedade da fauna bravia vão para além dos seus atributos comuns como recursos naturais para incluir a categorização racial das formas de propriedade. Historicamente, os brancos na África Austral que possuíam terras privadas estenderam o seu regime de propriedade privada à propriedade da fauna bravia... (Ramutsindela, 2010:7).

Para além da visão de Ramutsindela acima referida, o debate académico fornece uma lente para várias explicações para a proliferação de explorações privadas de caça, que vão desde um ambiente legal e político propício, ao lazer, aos ganhos monetários dos processos extractivos como a caça, a fins de conservação (Muir-Leresche e Nelson, 2000; Krug, 2001; Lindsley et al., 2009). De acordo com Muir-Leresche e Nelson, após a privatização da gestão da fauna bravia nos países da África Austral, o turismo da fauna bravia em terras privadas registou um grande crescimento:

> Nos últimos 50 anos, o Zimbabué, a Namíbia e a África do Sul alteraram os seus regimes legais para dar controlo total sobre o uso da fauna bravia aos proprietários privados das terras onde a fauna bravia está localizada. Antes disso, os proprietários privados de terras tinham incentivos limitados para gerir o aumento das populações de fauna bravia porque o Estado negava-lhes a oportunidade total de lucrar com a produção de fauna bravia (Muir-Leresche e Nelson, 2000: ii).

Os proprietários privados têm autoridade para determinar o momento, o local e a extensão da caça, da observação ou do abate da caça selvagem (Muir-Leresche e Nelson, 2000: ii) 'A vida selvagem foi transformada de um fardo para um bem para os proprietários de terras e houve uma rápida mudança da pecuária para a caça em grandes áreas da África Austral' (Lindsley et al., 2009:99-100).

A criação de animais selvagens é muitas vezes considerada mais rentável do que a criação de gado nas terras semi-áridas da África Austral. Os defensores argumentam que também causa menos erosão do solo e é geralmente menos prejudicial para o ambiente (Muir-Leresche e Nelson, 2000: ii). Por outro lado, Krug (2001:20) argumenta que, com exceção de algumas províncias sul-africanas e conservancies na Namíbia, os governos nunca promoveram ativamente a conservação privada e a gestão da fauna bravia. Pelo contrário, existem vários subsídios de barreira que minam os investimentos privados na conservação.

De acordo com Krug, os factores mais importantes que impulsionam o desenvolvimento da conservação privada são

- Direitos de propriedade bem definidos sobre a terra e os recursos da vida selvagem;
- Os agricultores têm o direito de utilizar a fauna bravia e estão autorizados a comercializar caça viva e produtos da fauna bravia (mercados para os recursos da fauna bravia);
- A utilização da vida selvagem e a observação da vida selvagem são economicamente viáveis devido a
- Forte procura internacional de observação da vida selvagem e caça de safari, e
- Forte procura local de carne de veado.

Alguns conservacionistas do Estado foram mais longe, impulsionando a proliferação de reservas de caça privadas, em particular a criação de caça ou de gado. Isto foi observado em Zululand e Natal a partir do final dos anos 50, onde a vida selvagem foi 'doada' e translocada das áreas protegidas do estado (sob o então Natal Parks Board) para terras privadas, em parte como resposta a uma seca e a programas de controlo da população de vida selvagem, que ameaçavam as áreas protegidas existentes (Kobus, 2007). Como explica Kobus:

> A seca que se seguiu no final da década de 1950 e a necessidade de controlar as populações de fauna bravia levaram ao início dos programas de controlo das populações de fauna bravia, sendo o abate noturno o principal método de controlo. A caça capturada era translocada para outras áreas protegidas e, mais tarde, era disponibilizada gratuitamente aos proprietários de terras para repovoarem as suas explorações, desde que estes pudessem fornecer um meio de transporte adequado para os animais até às suas explorações (Kobus, 2007:19).

O apoio à conservação da fauna bravia em terras privadas tem sido particularmente forte em KwaZulu-Natal, com os gestores de áreas protegidas de áreas de conservação oficiais a encorajarem inicialmente os proprietários de terras, fornecendo gratuitamente o excesso de fauna bravia e, mais tarde, subsidiando a venda de fauna bravia e fornecendo serviços gratuitos de extensão de gestão da fauna bravia. Estas medidas foram largamente descontinuadas quando a indústria se estabeleceu na província (Bothma et al., 2009:158), embora o atual programa de gestão da fauna bravia de Ezemvelo KZN tenha objectivos semelhantes.

Na década de 1970, o Natal Parks Board criou algum ímpeto para a criação de gado cinegético, repovoando as explorações agrícolas com o excesso de vida selvagem dos parques estatais e fornecendo serviços de extensão de qualidade para o encorajar (Child, 2009:105). Isto envolveu a translocação de animais selvagens para terras privadas e, por conseguinte, deu simultaneamente origem a indústrias de captura e criação de caça em Zululand no final da década de 1960 (Kobus, 2007). Um dos produtos dessa altura foi a Natal Game Ranchers Association (Goodman et al., 2002 in Kobus, 2007:19). De particular interesse para este estudo é o papel da KZN Hunting and Conservation Association que foi criada em 1958, inicialmente como uma associação de caça, o que mostra que a sua criação estava ligada à proliferação da caça privada na província.

Hofmeyr (2002) argumenta que a Direção dos Parques do Natal não foi o único interveniente na proliferação da indústria privada da vida selvagem no país. No seu artigo, intitulado 'South African National Parks as providers of game animals', Hofmeyr defende um papel semelhante para a agência nacional de conservação:

> Historicamente, a SANParks tem disponibilizado caça para venda com o objetivo específico de encorajar a distribuição mais alargada de espécies ameaçadas e em reconhecimento do papel importante que o proprietário privado de terras desempenhou no início deste século e atualmente na conservação de espécies de caça indígenas. A caça está disponível de três formas distintas: venda, troca e donativos (Hofmeyr, 2002:52).

Carruthers também se refere à 'experiência partilhada entre a gestão da vida selvagem em áreas protegidas pelo Estado - especialmente nas regiões de savana ricas em vida selvagem do então Transvaal - e em terras agrícolas privadas' como um fator que promove o aumento da criação de caça (Carruthers 2008: 161).

Após as eleições democráticas de 1994, a dinâmica foi reforçada por uma série de factores. Os proprietários de terras ricos podem ter declarado as suas terras como áreas de conservação da natureza, em parte na esperança de evitar o esquema governamental de redistribuição de terras (Brinkate, 1996 citado em Langolz e Lassoie, 2001: 1083). Carruthers explica este facto em termos do novo enfoque internacional na 'conservação e sustentabilidade', bem como salienta que:

> O ambiente político na África do Sul também desempenhou o seu papel, com o colapso virtual da agricultura devido ao encerramento dos mercados internacionais e a um regime agrícola alterado, sem subsídios estatais, conselhos de controlo e outros órgãos do Estado que protegeram os agricultores comerciais brancos da África do Sul durante tantas décadas (Carruthers, 2008:161).

Cousins, Sadler e Evans (2008:44) apresentam uma explicação semelhante:

> A conversão em grande escala de explorações pecuárias em explorações de animais selvagens (em resultado de alterações legislativas e do fornecimento de animais excedentários de áreas protegidas a proprietários privados) levou à reintrodução de numerosas espécies em antigas explorações pecuárias domésticas. Nos últimos anos, uma combinação de forças, como a diminuição da rentabilidade da criação de gado, o aumento do roubo de gado e o ressurgimento da África do Sul na comunidade mundial, resultou numa mudança do sector para a criação de animais selvagens (Cousins, Sadler e Evans, 2008:44).

Note-se que este estudo de investigação faz parte de um projeto de investigação financiado pela SANPAD que estuda a tendência mais recente de conversão da agricultura convencional para a agricultura cinegética nas províncias de KwaZulu-Natal e Eastern Cape (Brooks et al., 2008, Govender, 2011).

5.5 Conclusão

O foco principal deste capítulo foi apresentar as geografias históricas de ambas as comunidades em estudo, traçando a sua ligação e afastamento de lugares e espaços específicos com base em circunstâncias que emanam da sua interação com os colonizadores e os proprietários de terras brancos ao abrigo de vários sistemas de posse imposta. A primeira secção do capítulo analisou a literatura sobre a dinâmica de desenvolvimento do arrendamento de mão de obra no Natal colonial, uma vez que a comunidade Zondi ficou inextricavelmente ligada a este sistema. A segunda secção analisou a literatura sobre a propriedade livre de terras africanas, mais tarde proibida pelo governo nacionalista durante a década de 1960 através de um processo conhecido como remoções de 'pontos negros'. A comunidade de AbeKunene, uma comunidade de proprietários de terras livres, encontrava-se entre as comunidades classificadas como "pontos negros" e foi retirada à força da quinta de Boschhoek em 1968. Ambas as comunidades foram objeto de colonização no âmbito do programa sul-africano de reforma agrária, que é o tema desta tese. Estes colonatos e a sua dinâmica social e política são objeto dos dois capítulos seguintes.

A última secção do capítulo traçou a proliferação da cinegética privada no país, servindo para contextualizar o ambiente socioeconómico e político mais amplo em que ocorreu a evolução da cinegética - tanto antes da era democrática como, mais recentemente, após as eleições de 1994 (Brooks et al., 2008). Passamos agora a analisar os assentamentos de terra e a dinâmica das explorações cinegéticas "comunitárias" criadas em resultado do processo de reforma agrária.

Capítulo 6

Reforma agrária, explorações de caça comunitárias e autoridades tradicionais

6.1 Introdução

Os resultados da pesquisa apresentados neste capítulo relacionam-se com os dois primeiros objectivos do estudo. Ao conduzir a pesquisa, verificou-se que estes objectivos estão estreitamente interligados devido ao papel de vanguarda desempenhado pelas autoridades tradicionais nos processos de reivindicação de terra, bem como ao seu envolvimento nos resultados pós-assentamento. Estes objectivos são: (i) Investigar como as diferentes rotas legais adoptadas através do processo de reforma agrária influenciaram a natureza do assentamento, bem como os resultados pós-assentamento; e (ii) investigar até que ponto a liderança tradicional promoveu as explorações de caça comunitárias criadas através do processo de reforma agrária, e as consequências deste envolvimento. Com base na história já contada no Capítulo 5, este capítulo avalia o papel dos chefes de Zondi e Kunene na reforma agrária, nos fundos comunitários e na cinegética comunitária. Ambas as chefias apresentaram reivindicações de terra em nome das suas respectivas comunidades. Estas reivindicações levaram, direta ou indiretamente, a que ambas as comunidades recebessem uma exploração cinegética através do programa de reforma agrária. Depois de analisar o papel da chefia Zondi na Reserva de Caça Comunitária de Ngome (anteriormente Bhambatha's Kraal), tanto na reivindicação de terras como na gestão e exploração subsequentes da Reserva de Caça Comunitária de Ngome, o capítulo debruça-se sobre Nkosi Kunene e o seu papel na exploração de caça de Nqabayamaswazi (anteriormente Kameelkop). Em seguida, é apresentada uma comparação dos dois estudos de caso.

6.2 Resumo das vias legais adoptadas nas reivindicações de terras

Primeiro, porém, é apresentado um breve resumo das histórias das comunidades Zondi e Kunene em forma de tabela, em relação à sua história e à forma como obtiveram as explorações de caça comunitárias. Um dos principais objectivos deste estudo é investigar como as diferentes rotas legais seguidas através do processo de reforma agrária influenciaram a natureza do assentamento, bem como os resultados pós-assentamento. Este capítulo começa por resumir a informação dada no Capítulo 5 sobre a trajetória e a incorporação das duas comunidades em estudo; desde uma história de remoções forçadas até à sua recente incorporação na cinegética comunitária (ver Tabela 6.1).

Quadro 6.1 Traçar as geografias das comunidades AbeKunene e Zondi: Da expropriação de terras à caça comunitária

	AbeKunene Community	Zondi community 1	Zondi community group 2
	Pre-1994		
Year of land dispossession	1968	1974	1982
Nature of land dispossession	Black spot eviction for homeland consolidation	Private eviction for the conversion from labour tenancy to game farming	Private eviction for the conversion from labour tenancy to game farming
Drivers of land dispossession	The apartheid state	Private land owners	Private land owners
Provision of alternative land	Provided with Relocation Camp	Not provided with Relocation Camp	Not provided with Relocation Camp
	After 1994		
Launching of land claim	1996	1997	1998
Communal Property Association	Boschhoek Community Trust	Ngome Community Land Trust	Izanqawe Trust
Nature of land claim	Restitution claim	Redistribution claim	Labour tenant claim
Type of settlement	Received alternative land in 2005	Received original land in 1997	Received original land in 2007
Resulting land use	Kameelkop (Nqabayamaswazi) Game Farm	Ngome Community Game Reserve	Dismantled Khobotho Game Reserve (See Appendix 1)
Game farming mentor	KZNHCA	KZNHCA	None

Esta tabela também fornece um ponto de referência para o leitor acompanhar as narrativas sobre a história das duas comunidades. Mais adiante no capítulo, são também fornecidas linhas cronológicas para consulta rápida, resumindo as mudanças na liderança tradicional e as acções dos líderes de cada comunidade.

A Tabela 6.1 demonstra que as remoções forçadas das duas comunidades em estudo ocorreram ao longo de três décadas, ou seja, dos anos 1960 aos anos 1980. Pode afirmar-se com segurança que as remoções forçadas de pessoas por vários motivos ocorreram em todas as décadas da era do apartheid. Para efeitos de clareza, na Tabela 6.1, as vítimas dos despejos de rendeiros de Ngome estão divididas entre a comunidade Zondi 1 e 2, porque ocorreram em alturas diferentes (depois de o Bhambatha's Kraal ter sido dividido em duas explorações de caça). Além disso, a comunidade Zondi 2 (de Olivesfontein) pôde apresentar uma queixa contra o arrendatário operário, o que a comunidade Zondi 1 (de Aangelegen) não pôde fazer.

Uma atenção especial às datas de liquidação das duas primeiras reivindicações de terra mostra que a Reserva de Caça Comunitária de Ngome - a reivindicação de redistribuição - é nove anos mais velha do que a Fazenda de Caça de Nqabayamaswazi, a reivindicação de restituição. Isto pode levar a supor que o sucesso vem com a experiência, mas nem sempre é o caso, como o resto desta tese demonstrará. A Tabela 6.1 também mostra que a reivindicação de terra AbeKunene levou mais tempo para ser resolvida e foi resolvida como terra alternativa, quase dez anos depois de ter sido oficialmente apresentada. A batalha aqui é entre o estado poderoso e os pobres (Kepe et al., 2003), uma vez que a reivindicação de terra de AbeKunene era contra a SANDF que ainda retém a sua terra - a quinta Boschhoek - para fins de treino (ver Placa 5.3).

No caso da comunidade de Ngome 2, a reivindicação mais recente, ocorreu um resultado diferente na trajetória para a cinegética comunitária - houve uma mudança completa do uso da terra, uma vez que os beneficiários da terra tiveram a possibilidade de desmantelar a reserva de caça Khobotho e instalar-se na terra (ver Apêndice 1). Uma questão interessante é se as actuais explorações cinegéticas comunitárias não seguirão talvez o caminho do Khobotho num futuro próximo.

O capítulo apresenta agora uma investigação pormenorizada sobre o papel desempenhado pelos chefes Zondi e Kunene nas reivindicações de terras, bem como no estabelecimento das reservas/parques de caça comunitários.

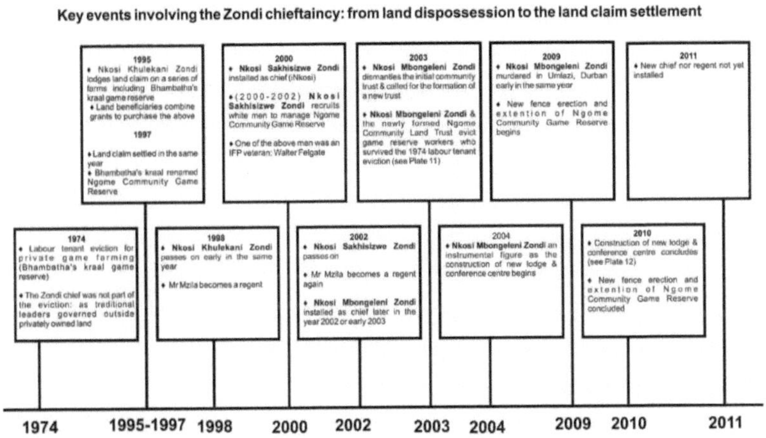

Figura 6.1

6.3 A chefia Zondi e a reserva de caça comunitária de Ngome

A reivindicação de terras que marcou o início da Reserva de Caça Comunitária de Ngome foi resolvida em 1997 (ver Figura 6.1 para uma cronologia). Desde essa altura até ao presente, os Zondis tiveram três chefes sucessivos que já faleceram. Nkosi Khulekani Zondi faleceu em 1998, Nkosi Sakhisizwe Zondi em 2002, e Nkosi Mbongeleni Zondi em 2009 (ver Figura 6.1 para uma cronologia). Esta secção do capítulo apresenta uma breve visão geral e uma avaliação crítica do papel de cada chefe, com ênfase na reivindicação de terras e na Reserva de Caça Comunitária de Ngome.

Nkosi Khulekani Zondi esteve na vanguarda de uma reivindicação de terras que levou a que a comunidade Zondi recebesse uma série de explorações agrícolas, incluindo a reserva de caça privada Bhambatha's Kraal, que passou a chamar-se Reserva de Caça Comunitária de Ngome após a transferência. Nkosi Khulekani Zondi faleceu alguns meses depois de a reivindicação de terras ter sido resolvida, em dezembro de 1997. É crucial notar que a fazenda foi transferida para a 'comunidade Zondi' através da via de redistribuição de terras (em oposição à restituição ou a uma reivindicação de arrendatário de trabalho).

O processo é descrito por um antigo oficial de projeto do DLA que trabalhou com a comunidade Zondi no processo de reivindicação de terras. Ele descreve o processo que levou a comunidade a receber uma série de fazendas, incluindo a reserva de caça privada Kraal de Bhambatha.

Ele [Nkosi Khulekani Zondi] apresentou duas coisas, apresentou o pedido de terra e ao mesmo tempo apresentou um pedido de redistribuição urgente para dizer: 'Há aqui pessoas que precisam desesperadamente de terra'... Eu entrei quando Khulekani tinha registado uma necessidade de terra em nome de uma centena de famílias ou o que quer que fosse - era uma necessidade urgente de terra. Quando começámos a trabalhar, essas cem famílias transformaram-se em quinhentas, já agora. Isso também foi antes do meu tempo.

Por isso, ele [Nkosi Khulekani Zondi] foi ao Departamento e disse: 'Há aqui muita gente. A nossa terra foi-nos retirada. O resultado é que as pessoas estão muito apertadas e não têm acesso a terra para viver. Não têm acesso a terra para água, pasto ou qualquer outra coisa. Precisamos urgentemente de terra. Apresentei uma reclamação de terras para dizer que, ao abrigo da Lei da Restituição, têm de resolver o problema, mas, entretanto, não nos podem ajudar a obter algumas terras? Herdei [o projeto] quando tinha havido algumas negociações com alguns proprietários de terras na zona para comprar terras urgentemente para essas famílias se instalarem. Estavam a instalar-se de acordo com o *isigodi*, historicamente sabiam de onde vinham - essas eram as principais pessoas que precisavam de ajuda.

Foi assim que conheci o Khulekani. Com ele, resolvi a questão da regularização urgente das terras. Aconteceu que as duas primeiras propriedades da Reserva de Caça Comunitária de Ngome foram compradas. Ele conhecia muito bem os dois proprietários de terras. A relação era complicada porque, historicamente, as pessoas sempre acreditaram que aquela era a sua terra, e tinham razão. Mas ele disse: "Não, olhem, vamos manter isto como uma reserva de caça, vamos ter uma relação positiva em termos de conservação ambiental e também talvez possamos ganhar um rendimento com estas quintas". Portanto, era esse o objetivo dessa reivindicação, desse pedido. Foi depois disso que ele faleceu, mas foi na altura em que eu estava a deixar o projeto que fui ao funeral. Mas, na verdade, o meu trabalho lá estava terminado (antigo responsável pelo projeto DLA, outubro de 2010).

Assim, Nkosi Khulekani Zondi apresentou primeiro um pedido de restituição de terras, que foi lento, e foi aconselhado pelo DLA a optar por um pedido de redistribuição para acelerar o processo. O pedido tinha um forte elemento de restituição, uma vez que as fazendas foram identificadas devido ao apego histórico do povo Zondi despossuído (DLA in Zondi, 1998: 135). O Memorando do Conselho de Ministros No. 11 de 1997 (4.2), observou que deveria ser dada prioridade no programa de redistribuição a uma pessoa que tivesse sido 'despojada da sua terra mas que não tivesse uma reivindicação nos termos da Lei de Restituição de Direitos de Terra de 1994' (DLA em Zondi, 1998: 135). A reivindicação de Zondi foi bem sucedida ao abrigo desta disposição.

Um membro da comunidade descreveu o envolvimento de Nkosi Khulekani Zondi da seguinte forma:

> O chefe envolveu-se quando a reserva de caça foi vendida, quando a propriedade foi transferida para o chefe porque ele era o responsável pela comunidade. O chefe colocou então pessoas que iriam trabalhar para ele [ou seja, gerir a reserva]. Devido à falta de conhecimentos sobre reservas de caça, *os abelungu* trabalharam para ele. Mas passado algum tempo, *os abelungu foram-se* embora porque não se tratavam muito bem uns aos outros... eram *abelungu* que estavam sob o comando do chefe e trabalhavam para ele. Ele é que mandava. Apesar de saberem o que fazer, tinham que se apresentar ao chefe. Quando *os abelungu* saíram, o chefe passou a gerir a reserva de caça juntamente com outros intervenientes no sector da fauna bravia (membro da comunidade de Zondi, junho de 2010).

Nkosi Khulekani Zondi esteve na vanguarda da reivindicação de terras, mas não era ele próprio membro do Fundo de propriedade de terras que foi criado depois de a reivindicação de terras ter sido resolvida. Ao fazê-lo, quis ficar fora do Fundo para a sua autonomia, tal como exigido pela Lei do CPA, apesar de ter sido o seu fundador. Esta ação do chefe apresenta um caso que é diferente da situação "normal" em que os chefes são eleitos ou se tornam presidentes de Associações de Propriedade Comunitária (CPAs) ou de Fideicomissos Comunitários. De acordo com o responsável pelo projeto DLA:

> Ele [Nkosi Khulekani Zondi] era um tipo jovem, muito compreensivo, e tivemos uma relação muito construtiva com ele. Na altura, ele não fazia parte do Fundo. Vivia numa quinta privada. Não vivia no vale; vivia, não na sua própria quinta, mas na quinta de outra pessoa. Era muito humilde e estava fora do Fideicomisso que tinha sido criado - o Fideicomisso dos proprietários de terras. Basicamente, o

seu argumento era que, se ele faz parte do Trust e há problemas, disputas entre membros, ele faz parte desse problema. Na verdade, ele está fora dele e é reconhecido como um líder comunitário. O Trust pode dirigir-se a ele com problemas e ele pode intervir como uma figura de liderança independente. E essa foi uma diferença importante, porque em muitos outros projectos os Amakhosi eram os presidentes do Trust e as coisas complicavam-se porque havia esses papéis. E quando havia disputas dentro dessas estruturas do Trust, era difícil arranjar outra pessoa para mediar. Na altura, o chefe estava completamente separado e era o fundador - penso que no Fundo ele tinha dito que era o fundador do Fundo, mas não era um Trustee. Ele não era um Trustee. Estava muitas vezes presente na discussão, mas não tinha direito de voto, e as pessoas recorriam a ele para obter orientação (antigo responsável de projeto do DLA, outubro de 2010).

No papel, o papel do chefe em relação ao Fideicomisso e ao projeto como um todo está claramente definido no acordo de liquidação. O chefe 'não é um Fideicomissário, mas o seu papel e posição como líder tradicional da comunidade foram identificados e estabelecidos' (DLA in Zondi, 1998:133). Isto é, 'A comunidade consiste num Fideicomisso que está em conformidade com os princípios estabelecidos na Lei das Associações de Propriedade Comunal, 1996 (No 28 de 1996) ... A terra será detida comunitariamente, em nome de Ngome Community Land Trust, o

O Trust afirma especificamente que todos os membros terão segurança de posse' (DLA in Zondi, 1998:140).

No entanto, como se verá mais adiante, a situação no terreno é muito diferente. O Ngome Community Land Trust, que foi fundado como um CPA com base nos princípios democráticos defendidos pelo antigo DLA (Oomen, 2005), está a ser dominado pela autoridade tradicional Zondi - apesar do facto de esta ter 'legalmente' mais poder sobre a reserva de caça comunitária, uma vez que lhe foram confiados os seus direitos de propriedade. Esta tendência parece ter começado após a morte de Nkosi Khulekani Zondi.

> Ele [Nkosi Khulekani Zondi] faleceu assim que assinou os documentos. Foi sucedido por Sakhisizwe Zondi. Sakhisizwe Zondi foi sucedido pelo chefe [Mbongeleni Zondi] que faleceu recentemente. Mas quem assinou a devolução da terra foi Khulekani Zondi (Vice-Presidente do Trust desmantelado, junho de

2010).

Apesar dos esforços de Nkosi Khulekani Zondi para se manter neutro sobre o fundo comunitário, o facto de ele ter assinado os documentos legais (títulos de propriedade) que confirmaram a transferência de terra para a comunidade é certamente atribuível à falta de um sentido de propriedade sobre a quinta de caça comunitária por parte dos beneficiários da terra. Baseado nas citações acima de um antigo Oficial de Projeto do DLA e membro da comunidade de Zondi, é também claro que depois da reivindicação de terra ter sido resolvida, Nkosi Khulekani Zondi tornou-se uma figura instrumental em convencer a comunidade de Zondi sobre a possibilidade de caça comunitária como uma opção viável de uso de terra - i.e. que a quinta de caça precisava de ser mantida como tal para o benefício da comunidade. Um entendimento geral entre os beneficiários da terra em ambas as comunidades em estudo é que a reserva/exploração de caça comunitária pertence a iNkosi.

De acordo com as entrevistas, parece que Nkosi Khulekani Zondi promoveu de facto tanto a reserva de caça como o cultivo de culturas, e tinha planos para dividir a terra beneficiada em duas partes, isto é, a vida selvagem (a reserva de caça comunitária) e o cultivo de culturas. A sua ideia baseava-se no conhecimento da disponibilidade de água proveniente de furos construídos pelo proprietário anterior. Nkosi Khulekani Zondi também convidou um dos agregados familiares retornados a instalar-se na reserva de caça, a fim de proteger a quinta desocupada de vandalismo. No futuro, após a morte de Nkosi Khulekani Zondi, este facto viria a criar hostilidade entre esta família e as autoridades comunitárias da reserva de caça. Parece que esta família em particular pertencia a uma *induna* sob a jurisdição da comunidade tradicional Zondi.

Mas ainda não é claro se a posição do *induna* teve alguma influência na decisão de Nkosi Khulekani Zondi de convidar esta família em particular para a reserva de caça da comunidade.

Após o falecimento de Nkosi Khulekani Zondi em 1998, o Sr. Mzila, um membro sénior da então Autoridade Tradicional Zondi e do Ngome Community Land Trust, foi instalado como regente e permaneceu nessa posição até à coroação de Nkosi Sakhiziwe Zondi em 2000 (ver Figura 6.1 para uma cronologia). Este facto é aprofundado nas seguintes citações de entrevistas. De acordo com o antigo responsável de projeto do DLA:

> Ele [Nkosi Khulekani Zondi] era um jovem muito interessante e faleceu. E depois [tivemos] um homem idoso, que também faleceu, Mzila. Foi instalado como regente enquanto o iNkosi estava a ser selecionado e era um velho muito mais interventivo. Nós dávamo-nos bem com ele, quero dizer, bastante bem. A sua relação era muito mais direta; nessa altura, ele já era membro do Trust. E depois perdi o contacto com aquela comunidade, o meu papel estava completo, tínhamos comprado aquelas quintas e as pessoas tinham seguido em frente (antigo responsável de projeto do DLA, outubro de 2010).

O período do regente, Sr. Mzila, coincidiu com sérias transformações na Reserva de Caça Comunitária de Ngome. Nesta altura, o anterior gestor da reserva de caça de Bhambatha's Kraal tinha sido reconstituído como Consultor de Formação para a Reserva de Caça Comunitária de Ngome, nomeado pela DLA. Durante uma entrevista com o antigo consultor de formação, este último confirmou que a comunidade de Zondi não tinha chefe quando ele lá trabalhou de 1998 a finais de "1999 ou início de 2000" (antigo consultor de formação, novembro de 2010).

Ao que parece, o chefe seguinte, Nkosi Sakhisizwe Zondi, tomou posse após a partida do consultor de formação. Nkosi Sakhisizwe Zondi actuou vigorosamente em relação ao desenvolvimento da Reserva de Caça Comunitária de Ngome, especialmente após a demissão do consultor de formação. Nkosi Sakhisizwe Zondi tomou a iniciativa de contratar "conselheiros" brancos (incluindo o antigo deputado do IFP Walter Felgate) para gerir a Reserva de Caça Comunitária de Ngome. Muito provavelmente, isto aconteceu devido à partida do consultor de formação e à necessidade de uma nova gestão da reserva. Felgate e Nkosi Sakhisizwe Zondi ter-se-ão provavelmente conhecido devido aos seus compromissos partidários. Um membro do primeiro community trust (mais tarde desmantelado, como será descrito mais adiante) disse

> A reserva de caça precisava de ser desenvolvida. Então, o que Sakhisizwe fez foi atrair dois *abelungu* conhecidos como Piet Nel e Walter Felgate. Trabalhámos com eles e vieram clientes, etc. Depois disso, disseram que a caça não era suficientemente produtiva. Recomendaram uma atração turística. Então, eles escreveram tudo isso e arquivaram os documentos. Depois disso, construíram um hotel. Mas pouco depois disso, o chefe Sakhisizwe faleceu. Então Walter Felgate

e os seus associados continuaram... (Vice-Presidente do Trust desmantelado, junho de 2010).

Infelizmente, um dos dois homens, Walter Felgate, antigo deputado do IFP, viu-se envolvido em alegações de corrupção e roubo de fundos comunitários, o que levou à despromoção do primeiro chefe comunitário em 2003. Esta ação foi tomada por Nkosi Mbongeleni Zondi, o terceiro chefe desta história, que sucedeu a Nkosi Sakhisizwe Zondi. Nkosi Sakhisizwe Zondi viveu apenas três anos depois de suceder ao cargo de chefe (ver Figura 6.1).

Após a sua coroação, Nkosi Mbongeleni Zondi decidiu abordar a questão dos três *imizi* que "sobreviveram" ao despejo dos inquilinos trabalhadores de 1974, bem como a quarta família que foi convidada a ficar dentro da reserva de caça por Nkosi Khulekani Zondi. Estas famílias foram despejadas em 2003. É irónico que as quatro famílias restantes na reserva de caça tenham sido despejadas em 2003 pelo seu próprio Trust e chefe (ver Placa 6.1).

Dos três primeiros agregados familiares, dois concordaram em abandonar a reserva, enquanto o terceiro, mais resistente, foi expulso com a ajuda dos Serviços de Polícia Sul-Africanos (SAPS). A quarta família foi estrategicamente afastada da reserva de caça comunitária por uma nova vedação.

Placa 6.1: Remoções forçadas na Reserva de Caça Comunitária de Ngome na era democrática

O motivo por detrás de tais despejos foi, evidentemente, o velho tema da "conservação da natureza", segundo o qual as pessoas não podem coexistir com a vida selvagem - um entendimento comum no que diz respeito ao fenómeno mundial das remoções forçadas para conservação da natureza. Tais acções de Nkosi Mbongeleni Zondi são lamentáveis na era democrática e representam um caso em que a história das remoções forçadas parece repetir-se. Como observam os investigadores:

> Tanto o número de despejos como o número total de pessoas deslocadas das explorações agrícolas foi maior no período 1994-2004 (a primeira década da democracia) do que na última década do apartheid. A introdução do ESTA (em 1997) não parece ter trazido qualquer alívio. Com efeito, 2003 foi o terceiro pior ano em termos de expulsões durante o período de 20 anos, apenas ultrapassado por 1984 e 1982, ambos anos de seca excecional que afectaram gravemente o sector agrícola. Dois terços dos despejos foram relacionados com a agricultura, sendo os restantes resultantes de litígios entre proprietários e ocupantes (Lahiff, 2009: 104-5).
>
> Foi relatado que os despejos ilegais numa província, KwaZulu-Natal, superam os despejos legais em 20 para 1 (Boudreax, 2010: 17).

É de salientar que as estimativas acima referidas dizem respeito a expulsões de habitantes de explorações agrícolas comerciais. Estes habitantes das quintas também conseguiram manter o seu contrato de trabalho durante a era democrática. O despejo final de agregados familiares da Reserva de Caça Comunitária de Ngome, em 2003, constitui um caso diferente de novas remoções forçadas para conservação da natureza e vem juntar-se ao número de casos de despejos de explorações agrícolas na era democrática, particularmente os orquestrados por negros contra outros negros (Ramutsindela, 2007a).

Depois de ter forçado a dissolução do fundo original, foi criado um novo fundo em 2004 e a construção de um novo alojamento e centro de conferências no valor de 7,6 milhões de rands continuou com a cortesia do Turismo KZN e foi concluída em 2010 (ver Placa 7.1 & 7.2).

De acordo com o acima exposto, Nkosi Mbongeleni Zondi estava profundamente envolvido nas questões de desenvolvimento da Reserva de Caça Comunitária de Ngome, uma vez que conseguiu desmantelar o primeiro Fundo Comunitário de Terras de Ngome e criar um novo em 2004. Devido às alegações de corrupção relacionadas com o primeiro fundo, a criação do novo fundo facilitou a libertação de fundos pelo Turismo KZN, que foram fundamentais para a construção de um novo alojamento e centro de conferências (ver Figura 6.1). (Pouco antes do início deste projeto de investigação, Nkosi Mbongeleni Zondi foi morto em Umlazi, Durban, pelo que os Zondis ficaram novamente sem chefe).

A construção da nova vedação e a extensão da Reserva de Caça Comunitária de Ngome, para a qual Nkosi Mbongeleni Zondi contribuiu, suscitaram sérias preocupações entre os membros da comunidade Zondi, em especial pelo facto de o novo limite da Reserva de Caça Comunitária de Ngome interferir com as suas terras de pastagem, água e recursos de lenha. Nkosi Mbongeleni Zondi é frequentemente citado pelos membros da comunidade como o culpado pela construção da nova vedação. Numa citação marcante de uma entrevista, esta transição foi descrita como uma transição de Ngome como uma reserva de caça *comunitária* para uma reserva de caça de *autoridade tradicional*:

> Como vê, isso não foi negociado, apenas vimos a vedação. Isso é porque eles mudaram a condição da reserva de caça de ser uma reserva de caça comunitária para uma reserva de caça de autoridade tradicional. É a autoridade tradicional que governa aqui, não os beneficiários [da terra] - os proprietários da terra não estão a governar. Os proprietários da terra são maltratados por serem oprimidos pela autoridade tradicional - é por isso que as coisas estão como estão. O presidente do Trust está envolvido com a autoridade tradicional. Foi por isso que não conseguiu convocar uma reunião com os beneficiários das terras para explicar o que se está a passar. A lei diz que o Fundo tem de convocar uma reunião numa data específica e envolver a comunidade, para que os beneficiários possam exprimir os seus pontos de vista, para que possamos desenvolver isto [a reserva de caça]. Tudo isto terminou quando deixámos o cargo e a reserva de caça passou a ser gerida pela autoridade tradicional. Isto foi feito pelo chefe que faleceu recentemente (Membro do Trust desmantelado, junho de 2010).

O texto acima é um extrato de uma entrevista com um membro do trust desmantelado que se sente consternado com a construção da nova vedação e com a extensão da Reserva de Caça Comunitária de Ngome, que, na sua opinião, foi feita por Nkosi Mbongeleni Zondi, que também foi fundamental para o desmantelamento do primeiro trust de terras. O inquirido considera este facto como uma imposição de poder da autoridade tradicional Zondi sobre a Reserva de Caça Comunitária de Ngome. Isto contrasta, de facto, com o acordo inicial baseado na Lei CPA, que define o papel do chefe em relação ao Trust como o de líder consuetudinário e não como um ator importante (DLA em Zondi, 1998).

Quando questionados sobre este facto, outros membros da comunidade não sentiram que Nkosi Mbongeleni Zondi tivesse um grande papel na Reserva de Caça Comunitária de Ngome, para além de visitar ocasionalmente para fins de lazer:

> Não, ele não desempenhou nenhum papel. Porque se realmente nos fosse devolvida a terra, ele [Nkosi] teria fechado a reserva de caça (membro da comunidade de Zondi, junho de 2010).
>
> *O assistente de investigação acrescentou:* Posso afirmar claramente que uNdabezitha [o chefe] não tinha qualquer papel na reserva de caça, para além de ir lá para um braai. Ele não estava muito envolvido na reserva de caça. Ia lá para fazer as suas próprias coisas. Ele foi lá como hóspede, da mesma forma que qualquer pessoa pode ficar num hotel (membro da comunidade Zondi, junho de 2010).
>
> *Um terceiro inquirido observou: É* que a lei estabelecida pelo *abantu* tende a ser difícil. Na maioria das vezes, *o umuntu* [referência indireta ao chefe] não faz as coisas de forma transparente - ele quer ser o único a beneficiar. Repare, o gado não pode pastar na reserva de caça - mas o gado do chefe tem acesso dentro da reserva de caça. Mas o nosso não pode entrar (membro da comunidade Zondi, junho de 2010).

Placa 6.2: Gado pertencente à chefia Zondi na Reserva de Caça Comunitária de Ngome

Os membros da comunidade não foram complacentes com as questões acima referidas; alguns afirmam ter manifestado as suas preocupações (particularmente sobre a construção da nova vedação) ao chefe em reuniões da comunidade antes da sua morte. Ele tinha-lhes prometido que iria analisar o assunto e garantiu que os seus recursos de água e lenha não seriam afectados. Mas as coisas mudaram quando o chefe foi assassinado em janeiro de 2009.

> Uma vez tivemos uma reunião e o Ndabezitha [o chefe] estava lá, e eu levantei uma questão sobre a água - disse que tinha ouvido dizer que o rio ia ser vedado e perguntei-lhe onde é que íamos buscar a água? Ndabezitha disse, 'Não te preocupes, mãe, o rio não vai ser vedado'. Mas no fim foi vedado. Mas o que é que se pode dizer porque isto foi feito depois da sua morte. Ndabezitha já tinha falecido quando eles ergueram a vedação, mas as pessoas que estavam presentes nesta reunião podem confirmar que eu levantei esta questão específica sobre a água, porque tinha sido informada pelas minhas fontes que a nova vedação seria erguida (membro da comunidade de Zondi, junho de 2010).

Outros membros da comunidade não têm a certeza sobre a natureza exacta do papel do chefe, mas tendem a culpar o Ngome Community Land Trust.

> Ele tinha um papel. Mesmo com a nova vedação, eles ergueram a nova vedação

> depois do seu falecimento, mas alegam que ele já tinha assinado a sua construção. Lembro-me do dia em que tivemos uma reunião na escola e ele informou que há *umlungu* [pessoa branca] que doou algumas vedações para a reserva de caça. Então perguntámos o que aconteceria à água quando a reserva de caça fosse vedada. Ele disse, 'vamos ver o que podemos fazer com a água'. Ficámos então agradecidos e pensámos que estava tudo bem. Quando ele faleceu, ninguém nos considerou, simplesmente fecharam [a reserva de caça]. Quando tentamos levantar a questão, ninguém parece importar-se: como podem ver, o sítio está fechado. O chefe desempenhava o seu papel porque ouvia as pessoas que o procuravam. Ele compreendia e fazia o que lhe pediam. Mesmo com o nosso assentamento aqui - se ele fosse chefe na altura, provavelmente teríamos conseguido um lugar dentro da reserva de caça (membro da comunidade Zondi, junho de 2010).

Embora alguns membros da comunidade afirmem que não foram consultados sobre a construção da nova vedação, alguns estiveram presentes numa reunião em que a nova vedação da reserva de caça estava na ordem de trabalhos. Nessa altura, questionaram a construção da nova vedação, receando que esta "vedasse as suas terras de pastagem, água e recursos de lenha". Nkosi Mbongeleni Zondi pareceu ouvir as suas preocupações, mas após a sua morte, o Trust prosseguiu com a construção da vedação, alegando que Nkosi Mbongeleni Zondi já tinha assinado a construção da nova vedação antes da sua morte. A este respeito, a maioria dos membros da comunidade, pelo menos os que vivem perto da Reserva de Caça Comunitária de Ngome, estão geralmente descontentes com a construção da nova vedação.

A comunidade de Zondi continua dividida quanto à viabilidade da cinegética comunitária como uma opção viável de utilização das terras. Estas divisões foram ainda mais polarizadas pela construção de uma nova vedação que aumentou as terras dentro dos limites da Reserva de Caça Comunitária de Ngome, retirando-lhes as terras de pastagem, a água e os recursos de lenha da comunidade. Alguns membros da comunidade culpam o chefe e afirmam que não foram consultados aquando da tomada destas decisões. A situação foi agravada pela injustiça demonstrada pela Autoridade Tradicional de Zondi, segundo a qual o seu gado é autorizado a pastar dentro da reserva de caça, enquanto o resto da comunidade não pode fazer o mesmo (ver Quadro 6.2).

Outro problema é o facto de a construção do lodge ter sido interrompida. Como explicou um membro do pessoal da Reserva de Caça Comunitária de Ngome:

> As coisas estavam a correr bem quando o chefe [Nkosi Mbongeleni Zondi] ainda era vivo - o alojamento estava então a ser construído e foi mais tarde terminado, porque antes estava meio pronto. E depois disseram que estavam à espera que os móveis chegassem, para que o trabalho pudesse continuar. Mas as coisas pararam com o falecimento do chefe... Como vê, os financiadores que financiam este lugar estão cépticos quanto a continuar a financiar-nos porque o chefe da comunidade já não está connosco. Teria sido melhor se já houvesse um novo chefe. O pessoal do Turismo [KZN] tinha prometido fornecer-nos mobiliário, mas penso que eles sabem que não há chefe e, por isso, estão cépticos. O novo chefe ainda não foi coroado - eles [a autoridade tradicional] ainda estão em negociações sobre o sucessor do trono. Está tudo parado e penso que é isso que nos está a atrasar. Era melhor quando o chefe ainda estava vivo porque era ele que representava este lugar (membro do pessoal da Reserva de Caça Comunitária de Ngome, agosto de 2010).

Placa 6.3: Infra-estruturas em deterioração na Reserva de Caça Comunitária de Ngome

Na altura em que escrevemos este artigo, em 2011, a Reserva de Caça Comunitária de Ngome continuava num impasse e a maioria das partes interessadas, incluindo a comunidade Zondi, os promotores imobiliários, o governo e os investigadores, aguardam curiosamente a coroação do novo chefe para ver que papel poderá desempenhar. Se a situação se mantiver no seu estado atual, o futuro é sombrio, uma vez que já há sinais de deterioração das infra-estruturas, com um custo de 7,6 milhões de rands. A fotografia acima (ver placa 6.3) foi tirada em 7 de agosto de 2010. Imagens como esta destroem as esperanças de quase todos os que se preocupam com o desenvolvimento rural e fazem-nos perguntar por que razão não são tomadas medidas proactivas. Todos aguardam a resolução da questão da sucessão, enquanto a Reserva de Caça Comunitária de Ngome se deteriora lentamente.

6.3.1 Um resultado diferente? Reserva de caça privada de Khobotho

Tal como descrito no Capítulo 5, um contraste interessante é proporcionado pela reivindicação do arrendatário de trabalho na reserva de caça privada vizinha de Khobotho. Em Khobotho, foi adoptada uma via legal diferente que reduziu o envolvimento do chefe, tal como aconselhado pelo DLA. Neste caso, a terra foi devolvida aos rendeiros que tinham sido deslocados da quinta, incluindo aqueles que tinham sido escolhidos para ficarem para trás devido ao seu trabalho. O caso de Khobotho tem um desfecho muito diferente do da vizinha Reserva de Caça Comunitária de Ngome. Como o governo não estava disposto a pagar pela caça, o proprietário abateu a caça que possuía antes da entrega. O rancho de caça privado de Khobotho foi desmantelado e alguns dos beneficiários das terras já se instalaram no antigo rancho/reserva de caça. Uma representação fotográfica da história do Khobotho foi compilada pelo investigador e incorporada nesta tese como um poster (Anexo 1).

6.3.2 Reflexões sobre o resultado - Chefia Zondi

Em retrospetiva, o papel de vanguarda de iNkosi na reforma agrária que levou a que a comunidade Zondi fosse proprietária de uma reserva de caça privada é revelador da vontade do chefe de utilizar a reforma agrária para reacender o seu poder e a sua jurisdição política. O chefe Zondi não esteve diretamente envolvido no despejo dos rendeiros em 1974 para dar lugar à caça, porque durante as eras colonial e do apartheid não estava envolvido em questões de terras privadas fora da Autoridade Tradicional Zondi (ver Figura 6.1). Como se mostra no Capítulo Cinco, antes da sua conversão para a caça privada há 37 anos, o que hoje é conhecido como Reserva de Caça Comunitária de Ngome era uma exploração agrícola de mão de obra (arrendatária) - parte do *sistema isithupha* na região inferior de 'thomveld' do Natal. Após a sua conversão em cinegética em 1974, o chefe ainda não era reconhecido pelos proprietários de terras privados brancos e os rendeiros não estavam sob a jurisdição do chefe. Um membro da comunidade explica

Durante esse tempo, o chefe não estava envolvido na reserva de caça. Era um acordo entre *amabhunu* [os agricultores brancos]. Se eles não quisessem alguma coisa - era o fim da história - não se podia informar o chefe (membro da comunidade Zondi, junho de 2010).

Isto porque, historicamente, o sistema de arrendamento de mão de obra tem sido autónomo em relação à autoridade do chefe. Alguns comentadores sublinham mesmo que o arrendamento de mão de obra proporcionou aos africanos uma certa forma de emancipação do controlo do chefe, nomeadamente dos trabalhos forçados (*isibalo*) por vezes comandados pelo chefe em nome do governo colonial do Natal (McClendon, 1995; Brooks, 1996; Guy, 2005). Após a rebelião de Bhambatha, o chefe Zondi passou a governar a comunidade Zondi no âmbito do sistema de pátria KwaZulu e não em terras privadas nas mãos dos brancos.

No entanto, é digno de nota que, independentemente das divisões impostas entre os africanos em resultado da interação direta com o governo colonial do Natal e com os agricultores brancos, os rendeiros ainda deviam uma lealdade informal ao seu chefe e à comunidade Zondi em geral, embora não tivessem obrigações legais para com o chefe durante as eras colonial e do apartheid. Era o que acontecia mesmo antes da rebelião de Bambatha, segundo Jeff Guy: 'Bhambatha kaMancinza era o chefe da zona e a maior parte do seu povo vivia como arrendatário em quintas de colonos' (Guy, 2005:25). É o que acontece ainda hoje: em KZN, os chefes ainda são reconhecidos e respeitados pelos seus 'súbditos', embora haja sinais de insatisfação com a instituição da liderança tradicional, como este capítulo demonstrou.

O programa de redistribuição de terras permitiu que a comunidade de Zondi e o seu chefe se mobilizassem em torno de uma série de reivindicações de terras, incluindo as duas reservas de caça. Estas reivindicações de terras estão geograficamente fora da área de jurisdição da Autoridade Tradicional de Zondi e foram apresentadas contra explorações agrícolas em mãos privadas. Mas desde que a reivindicação de terra do kraal de Bhambatha foi resolvida, o sentimento geral entre os membros da comunidade é que a reserva de caça pertence à chefia de Zondi, apesar de ter sido rebaptizada de Reserva de Caça Comunitária de Ngome. Este ponto de vista é parcialmente moldado pelo papel principal de Nkosi Khulekani Zondi na reivindicação da terra, incluindo a sua assinatura que confirmou a devolução da terra, bem como os papéis subsequentes de "desenvolvimento" desempenhados por ele e pelos seus sucessores na Reserva de Caça Comunitária de Ngome.

A geografia histórica da comunidade Zondi é crucial para compreender e explicar este choque institucional e espacial. McClendon oferece uma pista para o efeito ao argumentar que, historicamente, 'a segregação política voltou a enfatizar o papel dos chefes e do direito consuetudinário na vida dos rendeiros que viviam num mundo de autoridades que se sobrepunham: chefes de herdades, líderes tradicionais, agricultores e o Estado' (McClendon, 1995:5).

Em suma, a comunidade de Zondi não tem um sentimento de propriedade sobre a Reserva de Caça Comunitária de Ngome e é de opinião que esta pertence à Autoridade Tradicional de Zondi, embora a área seja gerida por um Fundo de Terras Comunitário de Ngome eleito. Isto mostra que o Trust, que foi fundado com base nos princípios democráticos do CPA defendidos pelo DLA, está a ser sobrepujado pela autoridade tradicional - apesar de legalmente ter mais poder sobre a reserva de caça comunitária, uma vez que lhe são confiados os seus direitos de propriedade.

O legado de tal história e as suas continuidades (Hebinck, Fay e Kondlo, 2011) é entendido de forma demasiado restrita no programa de reforma agrária, independentemente das suas óbvias e subtis implicações sociais, políticas e espaciais. Não há muita diferença entre a citação histórica acima (McClendon, 1995:5) e a situação contemporânea dos antigos arrendatários operários de Ngome, para além da erosão do arrendamento operário e da substituição retórica dos líderes tradicionais por CPAs. Para além disso, os antigos rendeiros de Ngome continuam enredados em disputas de fronteiras com os seus "superiores", que agora mudaram de roupa.

6.4 A chefia Kunene e a fazenda de caça de Kameelkop (Nqabayamaswazi) A discussão agora volta-se para o papel da chefia Kunene na reivindicação de terras que resultou na formação do Fundo Comunitário de Boschhoek e da fazenda de caça comunitária de Kameelkop (agora renomeada Fazenda de Caça Nqabayamaswazi). Tal como descrito no Capítulo 5, Nkosi Inca Kunene (o pai do atual chefe, Nkosi Siphiwe Kunene) fez parte da remoção do ponto negro de 1968 desta comunidade de Amakholwa. Embora tenha tentado resistir, não conseguiu, o que levou à remoção forçada dos AbeKunene de Boschhoek, a quinta que possuíam (*Ilanga*, 24 de agosto de 1968).

Nkosi Inca Kunene e homens proeminentes da comunidade AbeKunene não desistiram de lutar pelas suas terras perdidas desde a sua remoção em 1968. Organizaram-se para esgotar todas as vias possíveis para a devolução das terras perdidas durante a era do apartheid e, mais tarde, através de uma ONG local, a Associação para o Avanço Rural (AFRA), na década de 1980.

Nkosi Siphiwe Kunene sucedeu ao seu pai em 1989, herdando o papel principal na devolução da terra perdida. Ele apresentou oficialmente a reivindicação de terra em 1996, em nome da comunidade AbeKunene (ver Figura 6.2).

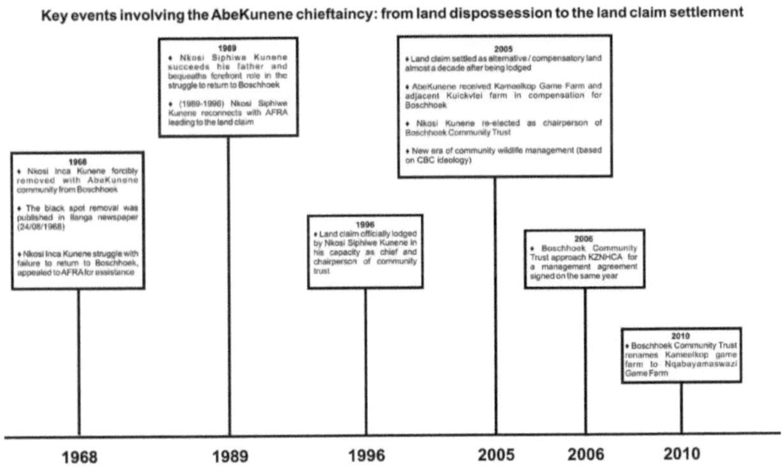

Figura 6.2

Ao apresentar a reivindicação de terra, Nkosi Kunene actuou no âmbito de fundos comunitários que foram formados e reformados ao longo do tempo; como tal, a organização não era nova para Amakholwa. Um novo fundo, o Fundo Comunitário de Boschhoek, foi novamente formado quando a reivindicação de terra de AbeKunene foi resolvida como terra alternativa em 2005, quase uma década depois de ter sido oficialmente apresentada. Nkosi Kunene foi reeleito como presidente do Fundo, uma posição que mantém até aos dias de hoje.

Nkosi Kunene apresenta-se como um grande apoiante dos fundos comunitários e da tomada de decisões democrática. A seguinte citação de uma entrevista com iNkosi explica o seu papel do seu ponto de vista:

O que fizemos foi lutar pela devolução da terra enquanto comunidade. Como iNkosi, tive de desempenhar um papel de vanguarda, para apresentar a reivindicação de terras e falar em nome das pessoas, com base na nossa história - de onde somos originários. Falei em nome do povo, com base também nos Trusts, para assegurar a continuidade - eles conhecem o meu pai, a minha avó e o meu avô. Tínhamos uma boa relação com as pessoas e elas confiavam em mim, pelo que não tivemos quaisquer reivindicações concorrentes na mesma área. Noutros casos de reivindicações de terras, uma determinada comunidade irá apresentar um pedido de reivindicação de terras concorrente com base na mesma área. Nalguns casos, isto é feito por determinadas organizações comunitárias, sejam elas associações agrícolas ou similares. O nosso caso é diferente porque temos um líder e, por conseguinte, não temos reivindicações de terras concorrentes. Isso funcionou para nós. E creio que a Comissão de Reivindicação de Terras viu que éramos uma comunidade organizada, porque não estávamos divididos na nossa reivindicação de terras - e ajudou-nos.

Outra coisa que tem sido de grande ajuda é o facto de as pessoas terem dito que a terra devia ser governada da mesma forma que era feita em Boschhoek. A terra era governada por Trusts e iNkosi era o presidente. Quando recebemos a terra, as pessoas tinham esperança de que as coisas continuassem como estavam em termos de governação da terra e que elas tivessem um papel a desempenhar, tal como no passado, e que nada mudasse em termos de membros do Trusts e de administração da terra, porque é o mesmo iNkosi e os Trusts. A nossa terra era administrada por sete Trusts, mais o iNkosi como presidente. Quando recebemos a terra [compensatória], dissemos que íamos aplicar o mesmo sistema e registámos o Fideicomisso junto da Comissão de Reclamações de Terras, que nos ajudou a registar o Fideicomisso. Quando recebemos a terra de volta, ela foi governada pelo Fideicomisso da mesma forma que foi feito em

Boschhoek - foi muito útil. Como iNkosi, estou lá como presidente e não como único mandatário para governar a terra, por isso mantivemos o status quo tal como era feito no passado. Isso ajudou-nos realmente a manter a ordem e a afastar os oportunistas, porque em alguns casos os oportunistas vêem uma brecha para fazer as coisas à sua maneira. [Devido] ao facto de termos um Fideicomisso que foi eleito pelo povo, não tivemos tais problemas (Nkosi S.S. Kunene, julho de 2010).

Nkosi Kunene esteve na vanguarda da reivindicação de terras que foi apresentada em 1996 e resolvida em 2005 através de terras alternativas/compensatórias, o que levou à concessão da exploração de caça de Kameelkop à comunidade de AbeKunene. Quando a reivindicação de terras foi resolvida, o Boschhoek Community Trust foi eleito para governar as terras, sendo Nkosi Kunene o seu presidente. Esta disposição foi adoptada a partir da forma como a administração da terra era feita no passado, quando a comunidade AbeKunene ainda vivia em Boschhoek, antes da sua remoção forçada em 1968. Em virtude de ser referido como Boschhoek Community Trust (apesar de Boschhoek não ter sido devolvido), isto refere-se diretamente ao legado da remoção da mancha negra e ao apego da comunidade ao seu lugar original, a quinta de Boschhoek.

Nkosi Kunene fala sobre a eleição e a formação do Boschhoek Community Trust:

> Tornou-se prática comum que as pessoas estejam interessadas nos seus próprios representantes eleitos. Isso ajudou muito, porque as pessoas estão interessadas em algo que foi criado por elas próprias - os Trusts. O Trusts foi eleito pela comunidade. Desde que temos os Trusts, as pessoas não têm medo que o iNkosi possa vender a terra um dia, por exemplo, quando alguém me suborna como iNkosi para vender a terra. Isso faz com que as pessoas tenham confiança em que a terra não será usada de forma abusiva e que iNkosi não abusará dos seus direitos. Número dois: os Trusts são eleitos de cinco em cinco anos. Por isso, as pessoas estão geralmente interessadas no desempenho do Fideicomisso e se o Fideicomisso não tiver um bom desempenho, então elegerão outro. É quase como se fossem colocados numa posição de destaque, as pessoas vigiam-nos e, se falharem, serão substituídos por um novo Fideicomisso (Nkosi S.S Kunene, julho de 2010).

Ao estar na vanguarda da reivindicação de terras, Nkosi Kunene (na sua qualidade de presidente do Fundo) estava a seguir os passos do seu pai, que tinha tentado resistir à remoção da mancha negra de 1968 e fez tentativas para recuperar a terra procurando assistência da AFRA (ver a linha do tempo, Figura 6.2).

Este nível de organização e preparação é atribuível ao facto de os AbeKunene fazerem parte de uma comunidade Amakholwa mais vasta que, historicamente, tem estado entre os grupos mais educados de africanos devido aos seus antecedentes escolares missionários. Como Hart (2002) observa:

> Muitos dos actuais e antigos proprietários de terras em áreas de propriedade livre - incluindo muitos dos que reclamam a restituição dos direitos à terra - são descendentes de uma classe agrícola e comercial altamente instruída e frequentemente bastante próspera que surgiu na segunda metade do século XIX (Hart, 2002:64).

Além disso, Nkosi Kunene possui um Diploma em Educação da Universidade de Zululand e está atualmente inscrito para um Mestrado em Governação e Transformação Política na Universidade do Estado Livre, o que o coloca na posição de chefe modernista. Este tipo de chefe é descrito por LiPuma e Koeble (2009) da seguinte forma:

> Num dos pólos, encontramos um grupo de modernistas, muitos dos quais com formação universitária e pós-graduada. O seu objetivo é transformar uma instituição cuja legitimidade deriva da afirmação de raízes históricas profundas no que é, do ponto de vista histórico, um passado colonial imaginado... Para o fazer, estão a recorrer à legislação para cumprir as normas democráticas, encorajando a instalação de chefes mulheres, elegendo mulheres para os conselhos locais, tendo representantes dos jovens nas deliberações das aldeias (LiPuma e Koeble, 2009:211).

Durante a entrevista, iNkosi foi questionado sobre a sua opinião relativamente à questão da educação entre os Amakhosi e disse o seguinte

> Os seminários a que assistimos de vez em quando são muito úteis - seminários sobre direitos humanos e gestão de conflitos. A educação é muito importante e tem grande influência. Mas *os Amakhosi* governam sem terem passado pelo sistema de educação formal, porque *Ubukhosi* [a chefia] é uma dádiva divina de Deus. Mas não deve ficar por aqui, porque o conhecimento está sempre a desenvolver-se... A educação é muito importante. Eu tive a sorte de ter tido a oportunidade de estudar, mas outros não tiveram a mesma sorte, mas certificam-se de que os seus filhos têm essa oportunidade (Nkosi Kunene, julho de 2010).

Ao mesmo tempo, a comunidade de AbeKunene continua dividida no que diz respeito à aceitação de terras alternativas, e os que estão insatisfeitos fizeram alguma coisa a esse respeito.

como abordaram a AFRA e o antigo Departamento de Assuntos Fundiários (Ngubane, 2010). Comentários como os que se seguem foram feitos, não publicamente, mas nas costas dos chefes. Algumas pessoas culpam o chefe por ter aceite a terra alternativa:

> O chefe é bastante jovem, não conhece aquele sítio [Boschhoek]. Não conhece a sua história nem o modo de vida das suas gentes. E não compreende aquilo por que ansiamos. Ele é jovem, não conhece aquele sítio. O que nós queremos é que *os abathengi* [descendentes daqueles que contribuíram com dinheiro para a compra de Boschhoek em 1870] recebam de volta os seus títulos de propriedade (membro da comunidade de AbeKunene, julho de 2009).

Esta citação sugere que a idade desempenha um papel importante, se não mesmo determinante, na formação de várias atitudes em relação ao espaço e ao lugar por parte dos indivíduos da comunidade. Por ser mais novo, o chefe tem pouca ligação emocional a Boschhoek, provavelmente porque não cresceu lá. O chefe está bem ciente da remoção forçada e compreende perfeitamente o programa de restituição que levou a sua comunidade a receber terras alternativas. Como qualquer pessoa "civil", ele continua a cumprir o acordo de terras alternativas. É neste ângulo que o chefe é criticado por alguns membros da comunidade. Durante a entrevista, iNkosi reconheceu este ponto de discórdia e não ficou muito satisfeito com o facto:

> Havia um homem difícil que dizia que não queria terras alternativas. Queria regressar ao local original [Boschhoek] e, quando lhe falaram das bombas nesse local, disse que não se importava de ser rebentado por bombas - tudo o que queria era a terra dos seus antepassados. Dirigiu-se à AFRA e, sendo difícil como era, foi recebido e ouvido por eles. Chegou mesmo a dirigir-se à Comissão de Reclamações de Terras, que mais tarde se fartou dele. Esse homem era muito difícil e dirigiu-se a todos os departamentos. Podia ter-nos colocado em apuros porque sabia a que departamento se dirigir. O seu problema era que ele não era financiado por fundos comunitários, ele era auto-financiado (Nkosi S.S Kunene, julho de 2010).

A atenção centrar-se-á agora no papel de iNkosi enquanto presidente do Boschhoek Community Trust, que gere a exploração de caça de Nqabayamaswazi. É evidente que ele desempenhou um papel de liderança na "conversão" da comunidade à caça.

> A cinegética era uma novidade para nós, mas estávamos muito interessados [no

negócio], e esse interesse era atribuível ao facto de, quando apresentámos a reivindicação de terras, termos concordado em tornar a terra rentável quando a reivindicação de terras fosse resolvida.

Isto porque nos apercebemos que seria uma forma viável de gerar rendimentos, dada a falta de oportunidades de emprego nas zonas urbanas. O governo também estava a pregar que as pessoas deviam tomar a sua própria iniciativa. O que tínhamos em mente era cultivar farinhas e fruta, porque sabíamos que a zona [Boschhoek] era boa na produção de pêssegos. Também tínhamos planos para a criação de gado. Desde o início que tínhamos uma mentalidade empresarial. Quando recebemos a quinta de caça, recebemos um negócio bem organizado e não tivemos de começar do zero - construção da vedação, etc. Tudo estava lá, os animais estavam lá, e até o alojamento, o lodge, estava lá. Tudo o que tínhamos de fazer era entrar e assumir o controlo.

O meu papel como iNkosi era fazer com que a comunidade compreendesse a importância da exploração cinegética, mudar a mentalidade porque tudo o que sabemos é que temos de caçar. Há *amaphisi* [caçadores organizados] entre os membros da comunidade, por isso tive de tentar explicar-lhes que as coisas mudaram - o *inyamazane* que caçávamos com cães no passado devia ser respeitado porque é a nossa fonte de rendimento. Por outras palavras, tive que lhes ensinar a respeitar e a amar os animais para que as gerações futuras também os vejam no futuro. Tive de os ensinar a não cortar árvores e vegetação; a quinta de caça não existe para lenha. Mesmo a erva não existe para queimarmos, mas para os animais pastarem, e também para fazermos o colmo das nossas casas e também para vendermos alguma da erva do colmo. E também para as nossas crianças nas escolas locais, temos de manter a quinta de caça para que possam ir em excursões e aprender sobre a natureza. Estas foram algumas das coisas que tivemos de fazer para formar as pessoas sobre o que devem fazer. Obtive esse conhecimento do Departamento de Agricultura e do pessoal da Conservação da Natureza, que nos ensinou sobre a conservação da natureza. Por isso, tive de os ensinar [os beneficiários da terra] sobre isso, antes de iniciarmos o negócio (Nkosi Kunene, julho de 2010).

Nkosi Kunene tem um papel de liderança na exploração cinegética comunitária e tomou a iniciativa de aprender sobre a conservação da natureza para partilhar esse conhecimento com o resto da comunidade de AbeKunene. Apesar de iNkosi estar familiarizado com os princípios gerais de conservação da natureza, adquiridos em vários seminários em que participou, o Boschhoek Community Trust e o seu presidente têm-se debatido com as questões de gestão quotidiana da exploração cinegética. Por conseguinte, o Fundo Comunitário de Boschhoek contactou a KZNHCA para obter assistência a esse respeito, conforme discutido em pormenor no Capítulo 7.

O Boschhoek Community Trust informa a comunidade sobre questões relacionadas com a exploração cinegética:

> Realizamos sempre reuniões mensais com a comunidade para a informar sobre o que se passa. No final da época de caça, informamos a comunidade sobre o número de animais caçados e o dinheiro gerado pelo corte do colmo. Ainda não realizámos excursões escolares. Informamos as pessoas sobre o montante de dinheiro gerado nessa época de caça específica e sobre os nossos planos. No final do ano, temos uma assembleia geral anual, apenas para apresentar um relatório sobre os progressos feitos na exploração de caça (Nkosi Kunene, julho de 2010).

Mas alguns dos jovens afirmam que sabem pouco sobre a exploração cinegética e a maior parte deles nunca lá esteve. O que se segue é um extrato de uma entrevista de grupo de discussão para elucidar o conflito intergeracional entre o Boschhoek Community Trust e os jovens.

> *O segundo inquirido respondeu e disse:* "Não, não há nada, não foi convocada nenhuma reunião deste tipo".
>
> *O terceiro inquirido interveio e disse:* "Não fomos informados sobre o que se está a passar na exploração de caça".
>
> *O entrevistado um continuou e disse:* 'Talvez seja apenas em eMahlabathini [a área de reassentamento onde a maior parte da comunidade ainda vive] - mas em eMahlabathini não nos falaram da exploração cinegética. (Entrevista do Grupo de Centragem de Jovens de AbeKunene, abril de 2010).

Os membros do Boschhoek Community Trust são constituídos por pessoas com idades compreendidas entre os 50 e os 65 anos e iNkosi é o mais novo. Este facto demonstra o conflito intergeracional entre os jovens e o Boschhoek Community Trust. Este problema não é apenas reconhecido pelos jovens, mas um dos membros do pessoal da quinta de caça comunitária reconheceu este fator como um obstáculo ao desenvolvimento.

> Mas o problema é que o Boschhoek Trust é composto por idosos. O problema é que os jovens e as pessoas de meia-idade estão no local de trabalho e não têm tempo. Há um comité adicional - são as pessoas que estão a trabalhar. Estão ocupadas a construir as suas casas; são jovens e ainda estão a construir as suas casas, por isso não têm tempo. O único que é prestável é o que trabalha para o Ministério da Agricultura. Se houver oportunidades no seu local de trabalho, ele avisa-nos. Ele tomou uma iniciativa para que o levantamento do solo fosse efectuado em Kuickvlei. Mesmo no caso da integração do gado e da caça, foi ele que organizou o estudo para determinar se essa integração pode ter lugar (membro do pessoal da Kameelkop Game Farm, maio de 2010).

6.4.1 Reflexões sobre o resultado - Chefia Kunene

Esta discussão não pode ser separada do papel de iNkosi na exploração de caça comunitária, uma vez que ele é o presidente do Boschhoek Community Trust. Nkosi Kunene desempenhou um papel de vanguarda na reivindicação de terras e, mais tarde, tornou-se presidente do Boschhoek Community Trust, eleito para gerir a exploração cinegética de Kameelkop (rebaptizada iNqabayamaswazi Game Farm), que faz parte das terras indemnizatórias.

No entanto, nem toda a gente está satisfeita com a terra alternativa e culpa iNkosi por aceitar demasiado facilmente a terra alternativa. Mas, numa nota ligeiramente diferente, podemos questionar as opções disponíveis para o chefe alterar a natureza dos resultados. Parece que o chefe aceitou a terra alternativa porque não viu outra opção. Por mais que alguns membros da comunidade culpem o chefe por aceitar o pacote de terras alternativas, um olhar mais atento ao processo de reforma agrária revela que o chefe ficou com pouco espaço de manobra contra a SANDF, que atualmente é proprietária da quinta Boschhoek. Teve de transmitir à sua comunidade a mensagem de que a quinta Boschhoek não lhes pode ser devolvida porque continua a ser um importante campo de treino para as forças de defesa. Isto garante que a batalha é entre o Estado poderoso e os pobres rurais (AFRA, 2004a). Tendo em conta o que precede, torna-se claro que o chefe tinha pouco espaço de manobra para aceitar o pacote alternativo de terras, que incluía uma quinta/reserva de caça privada. Mais uma vez o chefe teve que aderir ao precedente estabelecido pelas reivindicações de terra em áreas de conservação da natureza, isto é, manter o uso atual da terra como sendo de 'conservação da natureza'. Mais uma vez ele teve que passar a mensagem ao resto da comunidade. Este papel dos chefes é discutido mais pormenorizadamente na discussão que se segue.

6.5 Discussão comparativa: O papel dos chefes e as implicações para os beneficiários da terra

A situação da chefia AbeKunene faz uma comparação interessante com a chefia Zondi, porque, ao contrário de Nkosi Kunene, o chefe Zondi não foi diretamente afetado nem participou na remoção forçada de rendeiros para dar lugar à conversão da quinta de trabalho (rendeiro) na reserva de caça privada Kraal de Bhambatha em 1974. A Autoridade Tradicional Zondi só se envolveu em "questões de terras privadas" quando Nkosi Khulekani Zondi apresentou uma reivindicação de terras numa série de explorações agrícolas, incluindo a reserva de caça Bhambatha's kraal. Por outras palavras, Nkosi Khulekani Zondi só se envolveu na luta pela terra quando o novo governo democrático criou espaço para tal ambiente através da reforma agrária.

Em ambas as comunidades em estudo, os Amakhosi assumiram o papel principal na apresentação de pedidos de restituição de terras. Mas no primeiro caso, Nkosi Khulekani Zondi apercebeu-se de que o pedido de restituição de terras não iria resultar - a expropriação tinha sido anterior à data limite de 1913 para os pedidos de restituição de terras. Por conseguinte, o chefe foi aconselhado pelo DLA a optar por um pedido urgente ao abrigo do programa de redistribuição de terras, que foi bem sucedido e o pedido de terras foi resolvido em dezembro de 1997. Para que isto fosse possível, foram combinadas subvenções comunitárias para comprar uma série de quintas, incluindo a reserva de caça, Bhambatha's Kraal. No entanto, isto teve sérias implicações para os beneficiários da terra que tinham combinado as suas subvenções, uma vez que não podiam regressar à terra de onde tinham sido retirados em 1974 para dar lugar à reserva de caça Bhambatha's kraal. Este grupo da comunidade Zondi inclui aqueles que sobreviveram à remoção forçada de 1974 e permaneceram dentro do kraal de Bhambatha (Reserva de Caça Comunitária de Ngome) até serem despejados pelo seu próprio trust e chefe em 2003.

No caso do pedido de restituição de Boschhoek, tratou-se de um caso claro de expropriação ao abrigo da legislação do apartheid - foi uma remoção de um ponto negro dos proprietários de terras de Amakholwa. Mas os resultados do processo de restituição, que consistiram em terras alternativas, não satisfizeram alguns dos membros da comunidade de AbeKunene que ainda anseiam pela sua terra original, Boschhoek.

Pouco tempo depois de as reivindicações de terra terem sido resolvidas, ambas as comunidades em estudo estabeleceram fundos fiduciários comunitários como "entidades legais" proprietárias de terras para gerir as duas explorações comunitárias de caça. A principal diferença é que Nkosi Kunene tornou-se o presidente do Fundo Comunitário de Boschhoek, enquanto Nkosi Khulekani Zondi foi um fundador, mas não um membro do Fundo Comunitário de Terras de Ngome. Ele queria estar fora do Trust para manter a sua autonomia e para que este o pudesse consultar em caso de dificuldades. Isto foi aconselhado e aprovado pelo DLA na altura, uma vez que o Departamento esperava um resultado democrático. No entanto, como se viu acima, na prática, todos os três chefes Zondi que sucederam a Nkosi Khulekani Zondi tiveram um papel direto, interventivo e ativo em Ngome

Reserva de Caça Comunitária - sem dúvida mais do que no caso de Nkosi Kunene.

Este estado de coisas realça a dinâmica das relações de poder envolvidas em situações em que persiste um sistema duplo de governação e prova que uma autoridade pode eventualmente dominar a outra. Tendo em conta os papéis de vanguarda na reforma agrária desempenhados pelos Amakhosi em ambas as comunidades em estudo, pode concluir-se que eles utilizaram o processo de reforma agrária para reacender o seu poder e também para aumentar a quantidade de terra sob a sua jurisdição política. Esta tendência coincide com os resultados da investigação noutros locais da província de KwaZulu-Natal. Como observa Mather:

> Não há dúvida de que em muitos destes casos na zona rural de KwaZulu-Natal, o poder das autoridades consuetudinárias sobre a terra está a ser reforçado devido aos seus papéis de liderança nas reivindicações de terra, com ou sem o apoio dos seus súbditos (Mather, 2007:116).

Parece que em ambas as comunidades em estudo, os beneficiários de terra apoiaram o seu chefe nos processos que levaram à reivindicação de terra. Isto é demonstrado, por exemplo, na assinatura do registo dos beneficiários da terra para determinar o número de beneficiários da terra que precedeu a "devolução" da terra. Em todas as reivindicações de terra, é necessária uma lista de beneficiários para validar a reivindicação de terra. Mas nem todos os beneficiários de terras estão satisfeitos com a forma como as reivindicações de terras foram resolvidas e com os resultados obtidos após a regularização. Por exemplo, na comunidade de Zondi, os antigos rendeiros que foram retirados à força de uma quinta de trabalho (rendeira) na véspera da sua conversão para a caça, em 1974, continuam desiludidos por não poderem regressar à sua terra original, que continua a ser uma reserva de caça. A memória dos despejos de 2003 da Reserva de Caça Comunitária de Ngome (ver Placa 6.1) só pode exacerbar a situação, uma vez que as vítimas viram a sua remoção como tendo sido orquestrada pelo chefe. Na comunidade de AbeKunene, há um grupo de pessoas insatisfeitas com a resolução da reivindicação de terra como terra alternativa e que ainda anseiam pela quinta de Boschhoek, a sua terra original. Abordaram a AFRA para manifestar as suas preocupações, mas isso não foi suficiente para inverter o processo de reforma agrária.

Para compreender o processo de reforma agrária e a forma como este pode levar a uma extensão de terra sob liderança tradicional, é preciso estar consciente da geografia histórica dos reclamantes. Ao relacionar as geografias das duas comunidades em estudo com a literatura sobre o papel dos chefes na reforma agrária, esta investigação apoia Ramutsindela (2007b), que argumenta que o papel de vanguarda dos chefes na reforma agrária e o resultado pós-instalação que lhe está associado podem ser vistos como uma consolidação espacial efectiva dos bantustões e, por conseguinte, uma contradição ao próprio processo de reforma agrária. Fraser (2007) e Walker (2008) sublinham a mesma tendência:

> Talvez não seja surpreendente que, devido aos seus vastos poderes na era colonial e do apartheid, os líderes tradicionais se tenham tornado actores proeminentes no processo de reforma agrária (Fraser, 2007:841).
>
> As entrevistas com as comunidades reclamantes sugerem que muitos vêem a restauração da terra tribal como a chave para o revigoramento da identidade tribal e do poder e estatuto dos líderes tribais. Por conseguinte, não é surpreendente que os chefes tribais ("líderes tradicionais") estejam em primeiro plano na maioria destas reivindicações, incluindo posições-chave em muitas das CPA [Associações de Propriedade Comunitária] e Trusts (Walker, 2008:216).

A remoção do ponto negro da comunidade AbeKunene em 1968 constitui uma vertente da história da consolidação da pátria. Com o início da democracia, e através do programa de restituição de terras, os AbeKunene puderam adquirir terras alternativas (Kameelkop Game Farm, rebaptizada Nqabayamaswazi Game Farm) fora dos limites da sua autoridade tradicional. Alguns comentadores consideram este movimento por parte dos chefes não só como uma consolidação dos bantustões (Ramutsindela, 2007), mas como uma indicação do chamado 'presente colonial', na medida em que uma estrutura de liderança tradicional criada colonialmente é capaz de adquirir terras fora dos seus limites 'originais' na era democrática (Fraser, 2007). Este facto é revelador do "ressurgimento" da liderança tradicional no país e não só (Oomen, 2005; Ntsebeza, 2005).

O papel principal de Nkosi Khulekani Zondi na reivindicação de terra pode ser concebido como uma consolidação do Bantustão, considerando que a reforma agrária conduziu consequentemente a um aumento de terra sob a Autoridade Tradicional Zondi. A extensão da Autoridade Tradicional Zondi através da reforma agrária é ainda mais elucidada pela seguinte citação de uma entrevista com o antigo Oficial de Projeto do DLA que trabalhou com a comunidade Zondi na reivindicação de terras:

> A jurisdição da comunidade? Essencialmente, a Autoridade Tradicional de Zondi foi dramaticamente expandida (Antigo Oficial de Projeto do DLA, outubro de 2010).

As entrevistas com os beneficiários de terra em ambas as comunidades em estudo sugerem que os membros da comunidade consideram que as explorações de caça pertencem à Autoridade Tradicional, o que não é surpreendente dado o papel de liderança desempenhado pelos Amakhosi na reforma agrária. Como já foi referido, este facto criou um fraco sentimento de propriedade sobre a terra recém-adquirida por parte dos beneficiários da terra.

Para além de o chefe ter assinado o acordo de colonização, este fraco sentido de propriedade é ainda exacerbado por outros factores, que serão abordados mais detalhadamente no próximo capítulo. Em particular, o DLA e outros órgãos do Estado, como o EKZNW e, até certo ponto, o Departamento de Agricultura, parecem ter usado os Amakhosi como agentes de conservação da natureza, pensando que é efetivamente imposto aos beneficiários da terra que aceitem a caça como um uso viável da terra. Como demonstrado acima, quando a comunidade Zondi recebeu a reserva de caça através do processo de redistribuição de terras, o chefe da altura, Nkosi Khulekani Zondi, desempenhou um papel fundamental em convencer a comunidade/beneficiários da terra que a caça é um empreendimento viável e que a reserva de caça tinha de ser mantida no seu uso atual da terra, como reserva de caça. O mesmo se aplica a Nkosi Kunene em relação à exploração cinegética de Nqabayamaswazi e aos seus beneficiários.

6.6 Conclusão

Em conclusão, este capítulo tentou abordar os dois primeiros objectivos do estudo que são: (i) Investigar como as diferentes vias legais adoptadas através do processo de reforma agrária influenciaram a natureza do assentamento, bem como os resultados pós-assentamento; e (ii) investigar até que ponto a liderança tradicional promoveu as explorações de caça comunitárias criadas através do processo de reforma agrária, e as consequências deste envolvimento. Com base na história já contada no Capítulo 5, este capítulo avaliou o papel dos chefes do Zondi e do Kunene na reforma agrária, nos fundos comunitários e na cinegética comunitária. Em termos das vias legais adoptadas através do processo de reforma agrária, Nkosi Khulekani Zondi apresentou primeiro um pedido de restituição de terras, que era lento, e foi por isso aconselhado pelo DLA a optar por um pedido de redistribuição, a fim de acelerar o processo. Neste caso, os beneficiários da terra foram obrigados a juntar os seus subsídios familiares para poderem pagar a terra e fizeram-no na esperança de que a sua posse fosse assegurada, particularmente os que foram afectados pelo despejo dos rendeiros em 1974 para a criação da reserva de caça do kraal de Bhambatha. Mal sabiam eles das implicações de tais acordos, uma vez que não podem regressar à sua terra original, que continua a ser uma exploração de caça - a mesma razão pela qual foram despejados em primeiro lugar.

No que respeita à comunidade AbeKunene, Nkosi Kunene apresentou um pedido de restituição de terras na sua qualidade de presidente de um fundo comunitário eleito. O pedido de indemnização foi resolvido como terra alternativa, marcando o início de uma nova era de caça comunitária, uma vez que os AbeKunene receberam uma exploração de caça como parte do pacote de terras alternativas. No entanto, a maioria dos beneficiários da terra não estão satisfeitos com o pacote de terras alternativas e ainda anseiam pelas suas terras originais, às quais não podem regressar, pelo que culpam o chefe por aceitar os resultados do processo de reforma agrária.

Em ambas as comunidades em estudo, os chefes têm estado na vanguarda da reforma agrária e dos fundos comunitários, ocupando mesmo posições-chave como a de presidente de um fundo comunitário (no caso de AbeKunene). Por conseguinte, não é surpreendente que a reforma agrária tenha contribuído para um aumento das terras sob controlo dos chefes. Este estado de coisas coincide com resultados de pesquisas semelhantes noutras partes do país, onde os chefes têm estado na vanguarda das reivindicações de terra (Mather, 2007; Walker, 2008; Robins e Van der Waal, 2008; Robins e Van der Waal, 2010). No entanto, os beneficiários da terra em ambas as comunidades em estudo continuam insatisfeitos com a caça como um uso viável da terra e sentem que a caça comunitária lhes foi imposta pelos seus respectivos chefes e representantes comunitários (Trusts ou CPAs). Como explicado em mais pormenor no próximo capítulo, o chefe e o community trust em ambas as comunidades participaram em vários workshops de conservação da natureza e foram eles próprios encorajados por intervenientes externos, como o antigo DLA e o EKZNW, sobre a possibilidade da cinegética comunitária.

A principal conclusão deste capítulo é que o papel de liderança dos chefes na reforma agrária levou-os a ter uma influência significativa nos resultados da reforma agrária, moldados pelas diferentes vias legais que adoptaram para reclamar a terra. Tais resultados incluem o aumento geral de terra sob o controlo de Amakhosi como resultado direto dos processos de reforma agrária. Como resultado, um entendimento geral entre os beneficiários de terra em ambas as comunidades em estudo é que a fazenda de caça comunitária pertence a iNkosi. Isto contrasta com o acordo inicial baseado na Lei do CPA, que define o papel do chefe em relação ao Fideicomisso como o de líder consuetudinário e não como um ator importante (DLA in Zondi, 1998).

Capítulo 7

O papel das "parcerias entre partes interessadas" na cinegética comunitária

7.1 Introdução

Este capítulo tem como objetivo examinar criticamente as parcerias entre as partes interessadas em que os fundos comunitários estão envolvidos e a sua influência nas práticas de gestão das explorações de caça (objetivo iii). Uma caraterística marcante das reservas de caça comunitárias ou fazendas de caça é que, desde o início, os Trusts têm contado com conhecimentos externos. Do lado do Estado, isto inclui o antigo Departamento de Assuntos Fundiários (rebaptizado Departamento de Desenvolvimento Rural e Reforma Agrária) e a autoridade provincial de conservação da natureza, Ezemvelo-KZN Wildlife. Além disso, a Associação de Caçadores e Conservação de KwaZulu-Natal (KZNHCA), uma organização privada que está profundamente envolvida na Reserva de Caça Comunitária de Ngome e na Fazenda de Caça de Nqabayamaswazi na gestão das fazendas de caça comunitárias e na 'transferência de competências de gestão da vida selvagem', tem desempenhado um papel cada vez mais influente. Os chefes e os fundos fiduciários comunitários têm estado envolvidos, em conjunto ou separadamente, no convite a estes parceiros para ajudarem na gestão das coutadas de caça ou, no caso do Estado, têm concordado com certas intervenções externas. A Ezemvelo-KZN Wildlife, por exemplo, controla o licenciamento de animais selvagens e, por conseguinte, monitoriza a indústria da caça e as suas operações nas explorações de caça privadas.

Este recrutamento de 'peritos' revela a falta de competências de gestão da fauna bravia em ambas as comunidades em estudo. A falta de competências por parte dos beneficiários da terra em projectos de reforma agrária não é nova e tem sido amplamente discutida e retratada como um obstáculo à agricultura sustentável. No entanto, tais parcerias têm-se revelado caracterizadas por conflitos e moldadas por relações de poder (Kepe, 2008; Ntshona et al., 2010). Fraser (2007) concebe o papel dos antigos proprietários, que são agora reconstituídos como mentores agrícolas (Walker, 2008), como um presente colonial, na medida em que o controlo dos meios de produção e do "conhecimento" permanece nas mãos da minoria branca. Hebinck, Fay e Kondlo (2011) explicam a situação como sendo a da continuidade das filosofias do conhecimento especializado na agricultura. De acordo com os peritos, este é o conhecimento que falta aos beneficiários da terra, em todos os aspectos da agricultura, incluindo a criação de animais selvagens.

Este capítulo tem como objetivo sondar as motivações destes vários 'parceiros' e explorar a forma como o seu envolvimento moldou os resultados, particularmente em termos de práticas de gestão das explorações cinegéticas comunitárias. Isto inclui a forma como as ideologias de gestão associadas, tais como a Conservação Baseada na Comunidade (CBC) e as práticas da indústria da caça comercial, estão a moldar os resultados. Em que sentido é que estas explorações de caça comunitárias são CBC? Só porque se trata de vida selvagem e comunidade, é CBC? O CBC pode ser usado como uma forma de gerir um negócio lucrativo? Será que esta ideologia, desenvolvida para a gestão de recursos naturais em terras comunitárias, tem algum significado real em pedaços tão pequenos de terra livre? Como é que a autonomia do Trust na tomada de decisões é afetada e influenciada pelos papéis crescentes e tripartidos dos chefes, do Estado e do sector privado? Em geral, quais são as agendas destes vários parceiros em relação à caça comunitária? Este capítulo tenta responder a algumas destas questões.

7.2 O papel do Departamento de Assuntos Fundiários (DLA)

O antigo DLA, recentemente rebaptizado de Departamento de Desenvolvimento Rural e Reforma Agrária, esteve intimamente envolvido em ambos os pedidos de indemnização que conduziram ao acordo de compensação e também na fase de pós-concessão das explorações de caça. Tanto para as comunidades Zondi como Kunene, a relação com o antigo DLA começou quando os seus chefes apresentaram os pedidos de restituição de terras. O seu papel em cada uma das duas comunidades é analisado a seguir.

7.2.1 Participação da DLA na Reserva de Caça Comunitária de Ngome

Relativamente à comunidade Zondi, inicialmente Nkosi Khulekani Zondi apresentou um pedido de restituição de terras para uma série de quintas, incluindo a reserva de caça, Bhambatha's Kraal. Mas o processo de restituição de terras foi lento para iNkosi e, por isso, ele foi aconselhado pelo DLA a apresentar um pedido urgente de redistribuição de terras, o que levou à concessão à comunidade Zondi de uma série de explorações agrícolas, incluindo a reserva de caça, Bhambatha's Kraal, em dezembro de 1997. Pouco depois da transferência de terras para o Ngome Community Land Trust em 1997, o DLA nomeou o antigo gestor da reserva de caça Bhambatha's Kraal como consultor de formação para ajudar os novos proprietários da reserva de caça - uma medida destinada a resolver a falta de competências de gestão da vida selvagem por parte do Ngome Community Land Trust e dos membros do pessoal da reserva de caça comunitária de Ngome.

O antigo consultor de formação explica:

> Comecei a trabalhar lá em 1996, em fevereiro de 1996. Aceitei o trabalho sabendo que estava a ser reivindicada uma terra e geri a reserva durante dois anos, até que tudo foi resolvido. Geri-a para Bill Daley [o antigo proprietário] até que toda a reivindicação de terras foi aprovada e depois passou a ser a Reserva de Caça Comunitária de iNgome. E depois continuei, fui contratado pelo Departamento de Assuntos Fundiários como Consultor de Formação. Depois de as quintas terem sido vendidas, fiquei lá, fiquei lá (antigo consultor de formação, setembro de 2010).

Aparentemente, os anteriores proprietários do Bhambatha's Kraal (Reserva de Caça Comunitária de Ngome) não foram contactados pelo Trust ou pelo DLA sobre a possibilidade de uma empresa comum. Durante uma entrevista, um dos anteriores proprietários foi questionado sobre este facto e respondeu

> Não, de maneira nenhuma. É a primeira pessoa que me pergunta sobre Bhambatha, desde o dia em que parti. Nunca fui contactado, nem os outros proprietários da terra foram contactados para ajudar na agricultura. Tínhamos um negócio de caça de safari - tínhamos muitos caçadores profissionais a caçar lá porque tínhamos Inyala muito bom e tínhamos Kudu e Bushbuck muito bons. Tínhamos muita caça a decorrer ali, em particular. Vendemos o nosso gado e concentrámo-nos apenas na caça - tínhamos muita caça. Estávamos a fazer bons negócios. Em 1992-1994, quando todo este processo começou, estávamos a fazer muito bons negócios. Apesar disso, nunca nos pediram para ajudar, nunca nos pediram para lhes passar os clientes e certamente não me pagaram pela caça (antigo proprietário do Bhambatha'sKraal, novembro de 2010).

No entanto, a sua ação ao nomear um antigo gestor da reserva de caça Kraal de Bhambatha como Consultor de Formação, mostra o papel da DLA na defesa da continuação da caça como uma utilização da terra para assegurar a continuidade com a utilização anterior da terra.

> Ninguém sabia [como gerir a quinta], por isso, basicamente, o que eu fiz foi continuar a gerir. Não havia ninguém que pudesse tratar da caça, ou receber os clientes internacionais de caça. Não havia ninguém que soubesse como fazer isso corretamente... Fizemos alguns progressos razoáveis - a quinta estava a pagar-se a si própria. Estávamos a mantê-la a funcionar - estávamos a gerir a caça e o acampamento. Mas havia muitos problemas de colonização à volta da exploração cinegética. As pessoas estavam a instalar-se demasiado perto dos limites. Havia pessoas que vinham apanhar lenha, caçar e todo o tipo de coisas que começaram a ter um impacto na viabilidade do local (antigo consultor de formação, setembro de 2010).

Para além do Consultor de Formação que aconselhava sobre a gestão da fauna bravia, a partir de 19982001 a Reserva de Caça Comunitária de Ngome tinha um Oficial de Projeto a trabalhar em nome da DLA que fazia visitas regulares à reserva de caça comunitária. Este Oficial de Projeto tinha substituído um anterior que trabalhava com a comunidade Zondi na série de fazendas adquiridas na reivindicação de terras, não apenas na reserva de caça. Era conhecido pelo funcionário do DLA como o "projeto de redistribuição de KwaZondi". Esta participação terminou ao fim de três anos. O antigo responsável pelo projeto de Ngome sentiu que o seu papel estava concluído após a resolução da reivindicação de terras, dizendo: "E depois perdi o contacto com essa comunidade. O meu papel estava completo. Tínhamos comprado aquelas quintas e as pessoas seguiram em frente' (Antigo Responsável de Projeto, outubro de 2010).

Isto evidencia a abordagem do DLA de que a reforma agrária é um projeto com um início e um fim. Esta abordagem tem sido criticada por estudiosos da reforma agrária, bem como por activistas da terra, incluindo movimentos sociais como o Movimento dos Sem Terra (LPM) e ONGs como a AFRA. Desde 2001 até à data, a Reserva de Caça Comunitária de Ngome tem estado sem um Responsável de Projeto. O Trust e os vários chefes Zondi (ver Figura 6.1 para uma cronologia) tomaram a iniciativa de convidar outros parceiros para ajudarem na gestão da fauna bravia, tal como mencionado no Capítulo 6 e descrito em mais pormenor abaixo.

É interessante que, treze anos após a transferência de terras, o antigo Diretor de Projeto da Reserva de Caça Comunitária de Ngome reconhece o facto de que é um pouco absurdo esperar que toda a comunidade beneficiária da terra, composta por mais de quinhentas pessoas, tenha uma parte razoável dos benefícios derivados de uma pequena quinta de caça comunitária, que já foi um negócio familiar ou mesmo uma quinta de lazer. Aproximadamente metade de todos os ranchos de vida selvagem da África do Sul são propriedade a tempo parcial de profissionais ... e geralmente não são rentáveis" (Bothma et al., 2009:157). No caso das reservas de caça Kraal e Khobotho de Bhambatha, explicou o antigo Oficial de Projeto, eram 'dois tipos brancos' que as possuíam:

> Um deles era médico. O outro era um advogado da Strauss Daley, que é uma grande firma de advogados. Portanto, esses tipos usavam-nas como uma coisa de fim de semana. Não estavam preocupados com o rendimento que geravam. É uma coisa completamente diferente quando se tem uma comunidade que está a tentar ganhar dinheiro com o mesmo tipo de operação. Acho que estavam mesmo a lutar para ganhar dinheiro (antigo funcionário do projeto, outubro de 2010).

Este é um ponto crucial e que talvez não tenha sido suficientemente refletido pelos proponentes das explorações cinegéticas comunitárias. Nesse sentido, este ponto crucial faz parte das recomendações desta tese. Como será recomendado no Capítulo 8, os proponentes da cinegética comunitária devem rever e reestruturar a política em relação às reivindicações de terras em terrenos de conservação da natureza. A próxima secção discute o envolvimento da DLA na exploração cinegética de Nqabayamaswazi (Kameelkop) e será seguida pela mesma discussão em relação à Reserva de Caça Comunitária de Ngome.

7.2.2 Participação da DLA na exploração de caça de Nqabayamaswazi (Kameelkop)

Quando entrevistado sobre o seu envolvimento em Kameelkop após a transferência, o anterior proprietário da exploração de caça de Kameelkop lamentou o facto de não lhe ter sido pedido que servisse de mentor de caça para os novos proprietários da exploração. Segundo ele, queria continuar como mentor de caça, mas o Trust não o quis:

> Não. Eu perguntei-lhes. É uma pena. Perguntei-lhes porque sabia que só com caça a quinta de caça era subutilizada. Acho que no início era demasiado estranho para eles, não tinham a certeza da sua posição (Proprietário anterior de Nqabayamaswazi, agosto de 2010).

O proprietário anterior parece compreender que, no início, os beneficiários da terra não tinham a certeza da sua posição, especialmente na sua presença. Nesta nota, tornou-se um tema recorrente na pesquisa - ouvido de todos os quadrantes, incluindo os próprios beneficiários - que a caça é "demasiado estranha" para os beneficiários da terra. Este facto não é surpreendente e tem sido salientado nos círculos mais amplos da reforma agrária e da CBC/CBNRM.

A questão da raça foi explicitamente levantada por um membro da comunidade de AbeKunene como o principal fator causal da retirada do anterior proprietário do viveiro comunitário. Este membro da comunidade vê a questão de forma diferente da que é vista pelo anterior proprietário, afirmando que, 'No início, geríamos o viveiro juntamente com o anterior proprietário. Mas passado algum tempo, a questão racial assombrou-nos e ele foi-se embora' (membro da comunidade de Kunene, julho de 2009). Pode talvez deduzir-se que o Boschhoek Community Trust pode ter sentido menos ou nenhum sentimento de propriedade sobre a exploração cinegética na presença do anterior proprietário branco. Cherryl Walker observa que "muitas vezes estas empresas envolvem antigos proprietários de terras, agora reconstituídos como mentores agrícolas ..." (Walker, 2008:217). Neste caso, o acordo não funcionou.

Curiosamente, a Nqabayamaswazi Game Farm ainda tinha um Oficial de Projeto a trabalhar com o Boschhoek Community Trust em nome do Departamento de Desenvolvimento Rural e Reforma Agrária no momento da redação desta tese em 2011. O atual oficial de projeto substituiu um oficial que era altamente considerado pelo Trust mas que se demitiu do então DLA em 2007. O antigo responsável pelo projeto foi descrito como uma pessoa que fazia visitas regulares e mantinha um contacto estreito com a exploração de caça de Nqabayamaswazi (ao contrário do atual responsável pelo projeto). Um membro do pessoal explica:

> Quando ainda era o antigo responsável pelo projeto - éramos muitos [comunidades beneficiárias da terra], mas ele vinha - e dificilmente passavam dois meses sem o vermos. [Se não podia vir, fazia um esforço para telefonar e desculpar-se.

Atualmente, a situação é menos satisfatória, segundo a direção da exploração de caça:

> Nós dissemos-lhes que: Vocês, os Assuntos Fundiários, são maus, porque no início, quando nos concederam esta terra (a exploração de caça), os anciãos disseram que não conseguiam gerir um negócio destes. Nessa altura, prometeram

> vir a bordo e ajudar. Mas agora distanciaram-se". Estou farto de correr atrás da responsável pelo projeto. Não sei qual é o problema dela! (Funcionário de Nqabayamaswazi, maio de 2010).

A atual responsável pelo projeto, referida na citação acima, foi entrevistada no seu gabinete em uMhlaba House (Pietermaritzburg) e disse o seguinte: "Realizamos reuniões mensais do comité de direção ... Até à data, temos uma relação estável... Que eu saiba, não há problemas (responsável pelo projeto Nqabayamaswazi, maio de 2010). O atual responsável pelo projeto de Nqabayamaswazi nega os problemas actuais na exploração de caça de Nqabayamaswazi, especialmente os que têm a ver com ela própria, referidos na citação acima de um membro do pessoal. É digno de nota que os escritórios da Comissão Regional de Reivindicação de Terras da KZN, onde o responsável pelo projeto de Nqabayamaswazi está baseado, ficam a cerca de 350 quilómetros da exploração de caça de Nqabayamaswazi. Isto equivale a uma viagem de três ou quatro horas de carro da cidade de Pietermaritzburg até à Nqabayamaswazi Game Farm por parte da responsável do projeto, o que explica em parte o seu distanciamento da quinta de caça comunitária.

A comparação entre o último oficial de projeto do DLA da Reserva de Caça Comunitária de Ngome e o atual em Nqabayamaswazi mostra diferenças na abordagem do DLA, elaboradas na seguinte citação do oficial de projeto de Nqabayamaswazi:

> É uma coisa contínua, embora seja um projeto - um projeto tem de acabar, no final do dia. Até agora, não há um ponto final. Mas quando estivermos convencidos de que eles se podem sustentar, retiramo-nos. Mas, na minha experiência, nunca vi um projeto que se sustentasse a si próprio. É altamente improvável (Responsável de Projeto de Nqabayamaswazi, maio de 2010).

Isto é muito diferente do caso de Ngome, onde o antigo Oficial de Projeto sentiu que a sua tarefa estava completa cerca de três anos depois de a reivindicação de terra ter sido resolvida. As observações do Oficial de Projeto de Nqabayamaswazi, citadas acima, reflectem mudanças políticas mais amplas na reforma agrária, no sentido de apoio pós-assentamento, uma lição aprendida ao longo dos anos. É claro que não há garantia de que o responsável pelo projeto de Nqabayamaswazi não se vá retirar em breve, considerando que a reivindicação de terra de AbeKunene só foi resolvida muito recentemente, em 2005. Por conseguinte, pode ser demasiado cedo para dizer se o responsável pelo projeto de

Nqabayamaswazi vai continuar a ajudar a comunidade de AbeKunene.

É igualmente importante salientar que o anterior proprietário da Kameelkop (Nqabayamaswazi) Game Farm era proprietário da exploração de caça privada como empresa familiar e possui atualmente várias outras explorações de criação de gado e de caça na zona de Dundee e na Namíbia. Não dependia apenas do Kameelkop como fonte de rendimento. Como já foi referido, o antigo responsável pelo projeto em Ngome levantou a questão das realidades relativas à sustentabilidade económica de pequenas explorações de caça que se espera que gerem receitas para comunidades inteiras. Este é um aspeto que o Departamento de Desenvolvimento Rural e Reforma Agrária pode ainda ter de ter em conta de forma séria.

7.2.3 Breve comparação da participação do DLA nas duas explorações de caça comunitárias

A principal diferença entre os dois locais de estudo é que, na Reserva de Caça Comunitária de Ngome, o envolvimento da DLA foi de curta duração e durou apenas cerca de três anos após a reivindicação de terra ter sido resolvida em 1997. Por outro lado, em Nqabayamaswazi, o envolvimento já dura há seis anos, desde 2005. Estas diferenças de resultados podem refletir uma mudança de pensamento do antigo DLA para o apoio pós-assentamento, uma área de desempenho chave recentemente assumida pelo novo Departamento de Desenvolvimento Rural e Reforma Agrária.

7.3 A Associação de Caça e Conservação de KwaZulu-Natal (KZNHCA)

Tal como os académicos salientaram, profundamente enraizada nas relações de poder de muitas parcerias para a reforma agrária está uma abordagem "de cima para baixo" e fixa do próprio modelo de reforma agrária que procura transformar os beneficiários da terra em agricultores comerciais no lugar dos seus antecessores brancos na agricultura (Lahiff, 2009). Como escreve Ruth Hall:

> Neste contexto, foram introduzidas novas formas de parceria com o sector privado, e até mesmo a condicionalidade, numa tentativa de assegurar a continuidade da produção, a disponibilidade de capital e a oferta de formação (que o próprio Estado não tem sido capaz de fornecer), geralmente através de empresas conjuntas em que os parceiros do sector privado adquirem uma proporção de participação em troca. Estes modelos baseiam-se na necessidade de minimizar as

alterações na utilização e produção da terra, apesar da restituição, em vez de serem informados pelas necessidades, capacidades e prioridades dos meios de subsistência dos próprios requerentes (Hall, 2009:8).

Este conhecimento especializado em agricultura (Hebinck, Fay e Kondlo, 2011) em alguns casos é filtrado através dos líderes tradicionais para os fundos comunitários ou CPAs que ditam o uso da terra, que neste estudo foi a caça.

Esta secção avalia as relações entre os dois fundos comunitários e a KZNHCA, um parceiro do sector privado envolvido em ambas as explorações comunitárias de caça. Na altura em que a KZNHCA entrou em cena, as decisões de manter o uso atual da terra como exploração cinegética já tinham sido tomadas pelo fideicomisso com o apoio da autoridade tradicional em cada uma das duas comunidades em estudo. A KZNHCA envolveu-se durante os últimos oito anos, desde 2004. Ao fazê-lo, obteve direitos de caça para os seus membros nas duas explorações cinegéticas comunitárias e pode também apresentar-se como uma organização 'socialmente responsável' preocupada com o desenvolvimento da comunidade. Tornou-se norma para os beneficiários das terras de caça assinarem acordos de gestão com o sector privado, particularmente na indústria da caça (turismo), devido à 'falta de competências de gestão da fauna bravia por parte dos Community Trusts ou CPAs que representam os beneficiários das 'terras de conservação'.

No contexto da gestão comunitária da fauna bravia, a KZNHCA exprimiu inicialmente o seu desejo de transferir os seus conhecimentos especializados, na esperança de que, em última análise, os beneficiários das terras possam explorar as suas explorações de caça num futuro próximo. A KZNHCA apresentou o seu envolvimento com as reservas de caça comunitárias como sendo o de equipar os novos proprietários com competências de gestão da caça/vida selvagem, de modo a que a reserva continue a ser comercialmente viável como reserva de caça. Por detrás disto está um projeto educativo centrado na 'conservação' e no conceito de biodiversidade local em particular. Isto foi explicado na íntegra por um funcionário da KZNHCA:

> O desafio que enfrentamos aqui é simples; aqui [Nqabayamaswazi Game Farm] e em Bhambatha [Ngome Community Game Reserve]. O nível de competências das pessoas envolvidas é completamente inadequado para transformar o que têm numa empresa viável. As pessoas não têm formação académica. A abordagem ao

que têm ainda é uma abordagem muito tradicional. Está lá para ser usado - corta-se a árvore e come-se a carne, o que é a curto prazo. Penso que o que queremos fazer essencialmente é estabelecer uma abordagem de gestão a longo prazo com ambas as comunidades.

A razão para isso é simples. Nós - até agora, éramos essencialmente uma associação de caça, mas chamamo-nos KZN Hunting and *Conservation*. Até agora, a conservação consistia em actividades isoladas. A nossa abordagem é nova. Dizemos que o conceito de conservação per se está ultrapassado. Precisamos de gerir a biodiversidade. O que significa conservação? Penso que é um termo que chegou ao fim do seu tempo. Temos de olhar para o conjunto dos sistemas ambientais e temos de os gerir. É essencial caçarmos aqui, porque é uma área vedada e é uma população animal isolada, pelo que haverá um crescimento para além da capacidade de carga. É dispendioso deslocar, capturar, deslocar e libertar noutro local. Por isso, temos de gerir os números excedentários. A melhor forma de gerir e de gerar fundos é através da ferramenta da caça.

Mas a caça não é a primeira e principal coisa que queremos fazer. Para podermos caçar a Impala - ela tem de ter terra para viver, tem de ter comida, tem de ter água, tem de ter abrigo. Todos esses sistemas para tornar esta entidade viável têm de ser geridos. Temos de olhar para a terra na sua totalidade. Não podemos olhar para os elementos individuais. É isso que queremos ensinar às pessoas. É essa a mensagem que queremos transmitir - ou seja, se olharmos à nossa volta, desde o solo, à água, ao ar, ao animal, à planta, [tudo] tem de se enquadrar - tem de ser daqui - tem de ser autóctone, tanto quanto possível, e tem de ser gerido completamente (Funcionário da KZNHCA, julho de 2010).

A KZNHCA apresenta igualmente a sua participação nas duas explorações de caça comunitárias como um projeto de "responsabilidade social". Do ponto de vista da KZNHCA, o projeto na exploração cinegética de Kameelkop (Nqabayamaswazi) é considerado como um projeto de "responsabilidade social" ou "comunitário" da associação, destinado a demonstrar que a associação de caçadores tem consciência social e contribui para a "elevação social" da província. Tal como indicado no seu sítio Web:

Num esforço contínuo para fornecer apoio e aconselhamento benéfico às

> comunidades locais, a nossa associação formalizou o nosso acordo com o Boschoek Trust, assinando oficialmente o Memorando de Acordo de 3 anos na quarta-feira, 5 de novembro [2006]. A comunidade perto de Wasbank beneficiou de uma reivindicação de terras quando recebeu uma quinta de caça de ±4000ha, Kameelkop, em setembro de 2005, e muitos dos nossos membros têm caçado lá desde então... Identificámos o envolvimento da comunidade como uma parte importante da responsabilidade social da associação e iremos certamente expandir o nosso envolvimento com outras comunidades no futuro.

O facto de o chefe apoiar o projeto e a parceria é explicitamente mencionado no sítio:

> iNkosi Siphiwe Kunene expressou o seu entusiasmo com o projeto, uma vez que muitas comunidades com reivindicações de terras bem sucedidas não têm, aparentemente, qualquer assistência do governo ou do sector privado. Ele valoriza o papel que a nossa parceria irá desempenhar para garantir um projeto sustentável para as gerações actuais e futuras. (http://www.kznhunters.co.za/site/awdep.asp?depnum=29367 Acesso em 1 de março de 2009).

A associação fornece relatórios anuais aos seus membros que incluem relatórios sobre o seu envolvimento com as comunidades beneficiárias das terras. Há alguns indícios de que os caçadores reagem a este retrato e que gostam da ideia de contribuir para a 'elevação social' caçando em fazendas de caça comunitárias. Um caçador entrevistado na Reserva de Caça Comunitária de Ngome, por exemplo, declarou

> Uma das razões pelas quais gosto de caçar, seja em Kameelkop ou aqui [Reserva de Caça Comunitária de Ngome], é porque se trata de uma atividade comunitária. E só espero que, de alguma forma, os jovens da comunidade possam apreciar o que têm no futuro. Não sei se isso vai acontecer (Cliente de caça, Reserva de Caça Comunitária de Ngome, agosto de 2010).

No entanto, parece que, ao longo dos anos, este objetivo de transferência de competências em matéria de fauna bravia, para que os Trusts possam assumir a gestão da caça, mudou. O envolvimento da associação nestas duas explorações cinegéticas comunitárias deu origem a um novo trust (Nemvelo) que espera em breve assumir a responsabilidade total pela gestão das duas reservas comunitárias em estudo, bem como de outras na província.

A formação do Nemvelo Trust pode refletir uma realidade dolorosa no terreno. Um funcionário da KZNHCA descreveu todas as explorações de caça comunitárias da província da seguinte forma:

> Mas há uma porção de terra, 100 000 hectares, que ninguém está a financiar - todas as explorações [de caça beneficiadas], toda a propriedade devolvida à população local. Ninguém lhes ensina a geri-las, a gerar dinheiro, a mantê-las, a levar as pessoas até lá. Ninguém percebe de marketing, ninguém percebe de finanças. E deixem-me dizer-vos, se continuar assim, vai haver uma revolta (Funcionário da KZNHCA, agosto de 2010).

Vale a pena refletir um pouco mais profundamente sobre a agenda da associação de caçadores, antes de analisar em pormenor a sua relação com cada uma das duas comunidades em estudo. A KZNHCA precisa de parceiros proprietários de terras com operações de caça, para que os seus membros possam comprar pacotes de caça e ir caçar a determinadas explorações cinegéticas. Parece que, inicialmente, a agenda da KZNHCA era transferir competências de gestão da fauna bravia para os beneficiários da terra até que estes fossem capazes de gerir as explorações de caça por si próprios. Desta forma, a associação pôde usufruir de direitos de caça para os seus membros nas explorações de caça comunitárias e de uma autoridade considerável sobre as decisões de gestão.

Ao longo dos anos, esta parceria levou à formação de um novo "trust", Nemvelo, que em breve assumirá a gestão das explorações de caça comunitárias em estudo e de outras em várias partes da província. A formação de um novo "trust" externo para gerir as explorações cinegéticas comunitárias é claramente motivada pelos interesses da caça comercial, uma vez que os caçadores adquirem direitos de caça nas explorações cinegéticas comunitárias. As explicações dadas ao investigador para o novo trust situam-se no âmbito de um discurso de conservação e não principalmente de caça desportiva:

> A associação embarcou num programa para se envolver com as comunidades rurais que têm terras disponíveis para questões de conservação... O envolvimento na gestão destas áreas de conservação não só beneficiará as comunidades, mas também os membros da KZN Hunters. No entanto, o envolvimento ativo na gestão comunitária não é para os fracos de coração... Para além disso, a comunicação é frequentemente muito difícil e os requisitos de financiamento enormes. Apesar de ser um grande desafio, os Caçadores da KZN estão a dar um passo de cada vez e estão lentamente a ganhar experiência para o caminho que

têm pela frente. Alguém disse uma vez que para fazer uma pequena fortuna com a caça (gestão da caça numa área de conservação) é preciso começar com uma grande fortuna. Bem, os caçadores da KZN pensam que podem eventualmente dar a volta à situação" (KZNHCA, 2011).

Esta nova abordagem por parte da KZNHCA resulta muito provavelmente das frustrações que têm enfrentado como parceiros nas suas relações com os fundos fiduciários das explorações de caça comunitárias. Estas relações são discutidas em pormenor mais adiante.

7.3.1 O KZNHCA e o Ngome Community Land Trust

A relação entre o Ngome Community Land Trust e a KZNHCA começou em 2004 com a assinatura de um acordo de gestão que confirmou a parceria. A associação tem a sua sede em Pinetown, Durban, e é responsável pela organização de viagens de caça, principalmente para os seus membros. Um caçador desportivo entrevistado na Reserva de Caça Comunitária de Ngome descreveu o processo de caça na perspetiva do cliente:

> Passamos pelo escritório em Durban. Fazemos as reservas através deles. Eles fazem todas as camadas e dizem: "Certo, estes animais estão disponíveis". O pagamento vai para eles. Eles têm um comité que trabalha com as comunidades... (Cliente de caça, agosto de 2010).

Como já foi referido, o caçador entrevistado estava entusiasmado com a ideia de que estas fazendas de caça são propriedade da comunidade e, portanto, sente-se motivado a contribuir para o programa de 'responsabilidade social' da KZNHCA através da sua caça.

As reservas são tratadas pela KZNHCA. Para esclarecer melhor o processo de caça, um dos membros do pessoal da Reserva de Caça Comunitária de Ngome queixou-se de que sabem muito pouco sobre os pormenores organizacionais:

> Estamos sediados aqui e, quando os caçadores vêm, nós vamos com eles. Não sabemos o que se passa, do outro lado, mesmo no que diz respeito ao pagamento deles, isso acontece do outro lado. Eles só vêm com um pedaço de papel indicando a espécie que vieram buscar. Depois abatem o animal, nós também registamos isso nos nossos livros e eles também fazem o mesmo nos livros deles (membro do pessoal da Reserva de Caça Comunitária de Ngome, agosto de 2010).

O membro do pessoal acima citado é um guarda de caça e as suas funções incluem acompanhar os caçadores que vêm para caçar na reserva de caça da comunidade.

Ele interage com os caçadores quando estes se encontram na reserva de caça, ou seja, depois de terem apresentado os documentos necessários como prova da sua reserva através da KZNHCA. Os caçadores são então levados pelos guardas de caça para uma caçada à volta da reserva de caça. O caçador entrevistado ficou satisfeito com a experiência:

> Descobri que os tipos [guardas de caça] são muito prestáveis, bons tipos para caçar. Trabalhamos bem em conjunto. Se quisermos apenas caminhar, não há problema, eles adaptam-se a nós e sabem o que está a acontecer. Também param e explicam. Aprendi muito com eles. É quase a mesma coisa em Kameelkop - os rapazes são prestáveis, querem que nos divirtamos. Ficam desiludidos se não formos bem sucedidos. E às vezes não compreendem que para nós, o Andrew e eu, e certamente para mim, não se trata de matar os animais, trata-se de desfrutar da caça. E se eu não conseguir - é assim que as coisas são, a culpa não é deles.
>
> *O seu homólogo juntou-se à discussão e disse:* É como pescar, às vezes ganha-se, às vezes não se ganha.
>
> *O seu companheiro continuou a falar:* A culpa não é deles; eles sempre fizeram o máximo que puderam (Clientes de caça, Reserva de Caça Comunitária de Ngome, agosto de 2010).

O próprio processo de caça parece estar a funcionar bastante bem, tal como refletido na citação acima. A discussão passa agora para os problemas e principais desafios envolvidos nesta parceria. O principal problema é a desconfiança entre o Ngome Community Land Trust e a KZNHCA, especialmente no que diz respeito à gestão das finanças geradas pelo processo de caça. O funcionário da KZNHCA explica

> A comunidade de Bhambatha é o oposto [de Kameelkop]. Está tudo aqui [indica o seu peito]. Não me deixam vir treinar, não me mostram as finanças e só há duas pessoas a gerir aquilo tudo. Avisei-os que, se formos auditados, a SARS vai perguntar-me - todo este dinheiro que paguei. E eu mostro-lhes, porque o tenho nos meus livros, e eles também vão ser auditados nessa altura, por isso vamos ver quais serão as respostas. Eles querem dinheiro agora. Se o carro sair no domingo, na segunda-feira telefonam-me: "Onde está o dinheiro? Do Bhambatha [Kraal] há muita desconfiança. Mas onde está o dinheiro, tem de haver mais! São

> pressionados pela comunidade local, que diz: "Há muita gente a sair daqui com caça nos seus veículos, mas porque é que não temos emprego, porque é que não há mais guardas de caça, porque é que não há ninguém a gerir o alojamento, porque é que nós, a população local, não estamos a receber os benefícios? Não há resposta para isso (Funcionário da KZNHCA, agosto de 2010).

Para além do problema de desconfiança no que diz respeito a questões financeiras, a citação acima resume as grandes expectativas por parte dos beneficiários da terra, que muitas vezes se interrogam sobre o dinheiro gerado pela caça, exercendo assim pressão sobre o Ngome Community Land Trust. O Trust, por sua vez, exerce pressão sobre a KZNHCA, e assim o ciclo vicioso continua. O funcionário da KZNHCA explica:

> Mas quando este sítio [Kameelkop] pertencia a Gert Ehlers e quando o Bhambatha's [Kraal] ainda pertencia a Bill Daly e Tim Ivis, advogados - pessoas com formação superior - homens de negócios, todos eles conduziam Mercedes Benz, todos eles eram milionários. Isto foi dado às pessoas a quem pertence por direito. Mas muitos deles continuam a comer phuthu e maas. Estou a perguntar porquê. O que é que é diferente? A terra é a mesma. O alojamento é o mesmo. O eland, o kudu, o gemsbok, a impala, o *intibane* [javali] - é tudo igual. Então o que é que é diferente? A diferença é a educação. É essa a diferença (Funcionário da KZNHCA, agosto de 2010).

O funcionário cita os baixos níveis de educação por parte dos beneficiários da terra como o principal fator causal, o que não é surpreendente, dado o baixo nível de alfabetização da população negra em resultado da segregação racial, da opressão e das políticas de educação Bantu. No entanto, estas são as suas observações da perspetiva do KZNHCA. No entanto, nas suas observações, o funcionário da KZNHCA ignorou a importância do facto de os anteriores proprietários possuírem e explorarem estas explorações de caça como empresas familiares e/ou casas de férias e afins, o que explica em parte o seu sucesso. Quando essas explorações de caça são transferidas para toda a comunidade, composta por centenas de pessoas ou mais, é de perguntar se alguma vez essas pessoas também poderão conduzir Mercedes Benz.

A KZNHCA tem uma parceria com o Ngome Community Land Trust desde 2004 e pode afirmar-se com segurança que, se a KZNHCA rescindisse o acordo, a Reserva de Caça Comunitária de Ngome ficaria sem clientes (caçadores "fiéis") e, por conseguinte, entraria em colapso, porque o Ngome Community Land Trust não está nem perto de ter um "conhecimento completo" da gestão da vida selvagem, tal como exigido pela KZNHCA. Ou, dito de forma mais simples, sem a KZNHCA, o Ngome Community Land Trust não seria capaz de gerir a reserva de caça e organizar viagens de caça para sustentar a propriedade.

Como a KZNHCA não tem nenhum representante que resida na Reserva de Caça Comunitária de Ngome ou nas suas proximidades, a associação tem-se mantido afastada das questões e actividades quotidianas da reserva de caça desde a assinatura do acordo de parceria em 2004 até à data. A KZNHCA efectua visitas para reuniões com o Ngome Community Land Trust, mas essas ocasiões são geralmente caracterizadas por conflitos. Este facto foi assinalado pelo funcionário da KZNHCA, que afirmou que o Trust não lhe permite vir dar formação ao pessoal. As interacções harmoniosas entre a KZNHCA e o Ngome Community Land Trust só existem no papel: a realidade é uma história diferente de lutas de poder e disputas, desconfiança e comportamento suspeito.

Este facto é ilustrado pela história do lodge e do centro de conferências. Tal como referido no Capítulo 6, uma das iniciativas de Nkosi Mbongeleni Zondi e do novo fundo fiduciário consistiu em obter o patrocínio do Departamento de Desenvolvimento Económico e Turismo para uma nova pousada e um centro de conferências. A pousada foi construída (ver Placas 7.1 e 7.2), mas ainda não foi inaugurada, pois a morte do chefe paralisou tudo.

Em todo o caso, a iniciativa pode não ter sido adequada ao tipo de clientela cinegética que a reserva serve atualmente. Um dos caçadores entrevistados no dia 7th de agosto de 2010 na Reserva de Caça Comunitária de Ngome disse o seguinte sobre o novo pavilhão

> A maior parte das pessoas dessa associação (KZNHCA) ... ficaria muito feliz em montar a sua tenda no mato. Não querem um alojamento de luxo. Não querem ficar num sítio como aquele alojamento ali [apontando para o alojamento recentemente construído]. Preferem ficar num sítio simples - sentar-se à volta de uma fogueira à noite e ouvir os chacais e não ouvir um gerador a produzir eletricidade. E vê-se que há menos instalações como essa disponíveis para as pessoas. (Cliente caçador, Reserva de Caça Comunitária de Ngome, agosto de 2010).

Placa 7.1: Placa comemorativa da entrega do Bhambatha Lodge

Placa 7.2: O alojamento e o centro de conferências recentemente construídos na Reserva de Caça Comunitária de Ngome

O caçador continuou:

> Muitos particulares apercebem-se de que as explorações de caça podem ganhar muito mais com o turismo estrangeiro, onde praticam os seus preços em dólares americanos - e há toda a questão do luxo. Muitos dos membros da nossa associação não gostam disso. Talvez sejamos egoístas e queiramos este tipo de coisas. Eu sei que não cria muito emprego - não temos empregados de mesa, empregadas de bar e todos esses disparates. Portanto, é uma coisa difícil (Cliente caçador, Reserva de Caça Comunitária de Ngome, agosto de 2010).

A citação acima revela uma falta de comunicação e de entendimento comum entre o

Ngome Community Land Trust e a KZNHCA, especialmente no que diz respeito a questões de desenvolvimento da reserva de caça comunitária. Um alojamento luxuoso recentemente construído não faz sentido para um simples caçador que pretende afastar-se da sua vida luxuosa, mas problemática, mesmo que isso signifique passar duas noites do fim de semana numa tenda.

A KZNHCA está ciente do facto de que a chamada caça de biltong é a forma mais popular de desporto de safari entre os habitantes locais (Cloete; Taljaard e Grovë, 2007), e não a experiência luxuosa (e mais dispendiosa) esperada por um caçador internacional (de troféus), cujas visitas são muito raras em pequenas explorações/reservas de caça comunitárias como a de Ngome. 'A indústria cinegética assenta em três pilares, nomeadamente, a caça, o comércio de caça viva e o ecoturismo, dos quais tanto a caça de troféus como a caça de biltong podem ser vistas como os principais motores da indústria' (Cloete; Taljaard e Grovë, 2007:71). O recém-criado lodge e centro de conferências "topo de gama", uma iniciativa do Trust e do antigo chefe, não tem, portanto, qualquer significado para a KZNHCA, cujo foco está mais virado para os caçadores locais de quem a Reserva de Caça Comunitária de Ngome depende como clientes fiéis para a geração de rendimentos.

O alojamento e o centro de conferências não têm mobiliário e não estão operacionais desde o seu lançamento oficial pelo Ministro do Desenvolvimento Económico e do Turismo, Mike Mabuyakhulu, acompanhado pela Ministra das Artes, Cultura, Desporto e Recreação, Weziwe Thusi, em maio de 2009 (*Greytown Gazette*, 3 de junho de 2009; ver Anexo 3). É lamentável ver os nossos líderes e políticos em cerimónias de entrega e afins, mas nunca mais os vermos quando os beneficiários da terra são deixados a encontrar o caminho para sair da escuridão.

7.3.2 KZNHCA e o fundo comunitário de Boschhoek

O debate incide agora na relação entre a KZNHCA e o Boschhoek Community Trust, a entidade a quem foram confiados os direitos de propriedade da Kameelkop ou Nqabayamaswazi Game Farm. Esta relação teve início em outubro de 2006 e manteve-se ao longo dos cinco anos até à data. A KZNHCA está principalmente envolvida com os Trusts em ambas as comunidades e não com os chefes (embora, como explicado no capítulo anterior, o cargo de presidente do Community Trust de Boschhoek seja ocupado pelo próprio Nkosi Kunene). Como já foi referido, os projectos na Nqabayamaswazi Game Farm e na Ngome Community Game Reserve são considerados pela KZNHCA como projectos de 'responsabilidade social' ou 'comunitários' da associação, destinados a demonstrar que a associação de caçadores tem consciência social e contribui para a 'elevação social' na província.

Um membro da comunidade pareceu satisfeito com a ajuda externa da KZNHCA:

> No início, geríamos a quinta de jogos juntamente com o anterior proprietário. Mas, passado algum tempo, a questão racial assombrou-nos e ele foi-se embora ... [A Ezemvelo KZN Wildlife ajudou-nos a encontrar a KZNHCA e, desde então, temos trabalhado juntos. Eles procuram clientes [caçadores], os clientes pagam nas suas contas e fornecem-nos um relatório (membro da comunidade de Kunene, julho de 2009).

A relação entre o Fundo Comunitário de Boschhoek e a KZNHCA é aprofundada por um membro do pessoal na citação que se segue:

> Os caçadores fazem as reservas através do KZNHCA e nós recebemos uma parte das receitas. No final de cada época de caça, o Trust informa a comunidade sobre a situação de Nqabayamaswazi e a KZNHCA comunica com a comunidade através do Trust... A relação entre nós e o KZNHCA é boa porque eles arranjam-nos caçadores. (Membro do pessoal de Nqabayamaswazi, julho de 2009).

No entanto, nem tudo nesta parceria está a correr bem. Existe a sensação de que a associação de caçadores tenta dominar demasiado a parceria:

> Mas há um problema quando se trata do desenvolvimento de Nqabayamaswazi. Tendem a não gostar dos departamentos estatais que nos oferecem alguma ajuda e afirmam que não há necessidade de tal desenvolvimento. (membro do pessoal de Nqabayamaswazi, julho de 2009).

A relação entre o Boschhoek Community Trust e a KZNHCA é simultaneamente positiva e negativa. Para a comunidade, o lado positivo da relação é o facto de serem geradas receitas durante a época de caça. O lado negativo é a falta de consenso sobre algumas questões, o que se deve às diferenças entre as partes interessadas. De acordo com um membro do pessoal, um dos problemas que a comunidade teve com a KZNHCA foi o desenvolvimento da exploração cinegética de Nqabayamaswazi. A questão em causa era, mais uma vez, a construção de um centro de conferências. O Boschhoek Community

Trust apoiou a ideia, mas a KZNHCA contestou-a por motivos de "conservação da natureza", uma vez que a construção do centro de conferências poderia perturbar o ambiente. Esta questão é semelhante à do alojamento de luxo construído em Ngome.
Jeff e Rudi, os dois funcionários da KZNHCA, foram entrevistados em julho de 2009 e descreveram a sua relação com o Fundo Comunitário de Boschhoek do seguinte modo

> A comunidade abordou-nos e pediu-nos que os ajudássemos a gerir a exploração do jogo. Para lhes dar conhecimento, formação, educação e assim por diante, especialmente em torno do jogo em si... Foi há cerca de três anos, no final de 2006, se bem me lembro. Quando nos juntámos, tivemos uma reunião, discutimos e decidimos que tudo bem: vamos dar-lhes as directrizes e ajudá-los a gerir a exploração cinegética" (Funcionário da KZNHCA, julho de 2009).

Na altura, esta foi considerada uma parceria com um objetivo e um prazo específicos: "Quando sairmos, eles devem saber tudo e devem continuar a trabalhar" (Funcionário da KZNHCA, julho de 2009).

A KZNHCA parece estar entusiasmada e interessada no progresso da exploração de caça de Nqabayamaswazi e mostra interesse num futuro próspero para a exploração de caça comunitária. No entanto, isso não significa que a realidade deva ser ignorada, especialmente quando se trata de desafios que precisam de ser abordados com urgência, como trabalhar para criar consentimento sobre questões difíceis. Os funcionários do KZNCHA foram entrevistados novamente em 2010 e afirmaram:

> É evidente que há um pouco de melhoria, nomeadamente no que se refere à época de caça. O lado dos caçadores está bem, mas a comunidade não melhorou muito. Ainda estamos a lutar para que compreendam a importância da gestão do Kameelkop - para tentar mudar o seu ponto de vista no que diz respeito à importância de gerir, utilizar e sustentar o Kameelkop e melhorar a execução dos projectos que sugerimos que devem fazer. É isso que está a faltar. Não estamos a dar o próximo passo e isso é um pouco preocupante. Há um grande número de projectos e discussões que temos de fazer aqui em Kameelkop, especificamente sobre como utilizar e sustentar. Ainda é o rendimento da caça que está a entrar por ano. Temos de alargar esse rendimento, como discutimos da última vez [entrevista de 2009]. Isso ainda é um problema, ainda não está a acontecer nada. Há obviamente razões para isso, mas está a ir muito devagar, penso que podemos acelerar mais... Continuo a achar que o Kameelkop é um dos melhores e que

continua a correr bastante bem, se o comparar com alguns dos outros que conheço, como o Bhambatha's Kraal (Funcionário da KZNHCA, julho de 2010).

De acordo com o funcionário da KZNHCA, o principal problema que a organização está a ter com o pessoal da exploração cinegética de Nqabayamaswazi é o facto de não terem demonstrado grandes melhorias na gestão da fauna bravia. Outra questão preocupante é a própria caça, que continua a ser inadequada para sustentar a exploração de caça. Muito precisa de ser feito em termos de geração de rendimentos ao longo do ano, em vez de apenas durante a época de caça. Mas, em última análise, o funcionário da KZNHCA continua otimista em relação à exploração cinegética de Nqabayamaswazi e considera-a uma história de sucesso em comparação com a Reserva de Caça Comunitária de Ngome, que não estava a ter bons resultados na altura em que esta tese foi escrita, em 2011.

Durante o período da investigação, um grave pomo de discórdia na Nqabayamaswazi Game Farm foi causado por um grave incidente de incêndio que teve lugar na terceira semana de julho de 2010 (ver Anexo 2). A KZNHCA culpou o pessoal pelo incêndio. Por outro lado, os funcionários apontaram o dedo uns aos outros, incluindo o diretor da exploração de caça. O funcionário da KZNHCA descreveu o incidente e as suas consequências do seguinte modo

> Tivemos danos, como se pode ver, eles precisam de [fornecer] alimentação suplementar, porque os animais estão a morrer. E também se trata de instruções dadas e não cumpridas ou cumpridas demasiado tarde. Era suposto haver corta-fogos do outro lado, porque é de lá que vêm os nossos ventos e é de lá que os caçadores furtivos e a comunidade de Wasbank incendeiam a erva - e isso não aconteceu e é uma das razões pelas quais estamos agora com esta confusão. Um dos chalés ardeu. Os animais estão a sofrer. Tivemos uma reunião com o iNkosi e, mais uma vez, o problema é o dinheiro. O que estamos a fazer agora é que os nossos membros estão a fornecer a comida, e já são mais de R70 000. Ainda temos de pagar a estas pessoas, de uma forma ou de outra. Sei que o iNkosi tomou nota do assunto, e provavelmente está a trabalhar do seu lado para descobrir o que pode fazer para pagar a estas pessoas que ajudam nesta fase, porque os animais são a principal fonte de rendimento e temos de cuidar do seu bem-estar (Funcionário da KZNHCA, julho de 2010).

O Fundo reconhece que a KZNHCA foi útil para provar que os fardos e blocos de caça servem de alimento para a vida selvagem:

> Mas a boa notícia é que a KZNHCA tem sido muito prestável - organizou fardos e comida de caça para os animais. Também enviámos um pedido por escrito ao Departamento de Agricultura e Assuntos Ambientais, solicitando a doação de fardos e comida de caça. O MEC prometeu fazer uma doação. Continuamos optimistas, a erva está a começar a reabilitar-se e a chuva está a caminho (Nkosi Kunene, julho de 2010).

Sem a ajuda da KZNHCA e dos agricultores vizinhos, a fauna selvagem não teria sobrevivido após o incêndio devido à falta de alimentos. O pedido escrito ao Ministério da Agricultura e do Ambiente sensibilizou o MEC, que prometeu fazer doações, mas estas não chegaram de facto à exploração de caça comunitária. A KZNHCA optou por não esperar pelo governo e tomou a iniciativa de alimentar os animais selvagens. O custo da alimentação subiu para R70 000 em julho de 2010, deixando o Boschhoek Community Trust com uma grande dívida para com a associação de caçadores. Os funcionários da Nqabayamaswazi Game Farm alegaram que o incidente do incêndio foi o resultado de um comportamento malicioso por parte de caçadores furtivos da zona de Wasbank, que se aproveitam do facto de a quinta de caça pertencer agora à comunidade de AbeKunene, e não ao anterior proprietário branco de terras, que costumavam temer e cuja caça não ousavam caçar.

Para piorar a situação, algumas semanas antes do incêndio, o Boschhoek Community Trust tinha comprado gado no valor de 87 000 rands para ser integrado com a vida selvagem na Nqabayamaswazi Game Farm, uma experiência conduzida pelo anterior proprietário. É digno de nota o facto de a reintrodução de gado na Nqabayamaswazi Game Farm se ter baseado, em grande medida, no parecer do Ministério da Agricultura - e *não* da associação de caçadores. O Ministério da Agricultura tinha anteriormente aconselhado a integração de gado indígena ou Nguni. No entanto, este conselho parece ter sido ignorado pelo Trust, uma vez que o gado introduzido na exploração de caça não é da etnia Nguni.[1]

---

[1] A integração do gado não foi o único conselho oferecido pelo Departamento de Agricultura à comunidade de Kunene; também aconselhou sobre a adequação do solo para o cultivo em

A KZNHCA não está impressionada com a compra de gado, especialmente desde o surto de incêndio. Consideram que a compra de gado é um desperdício de fundos comunitários que poderiam ter sido utilizados após um incêndio como o que ocorreu em julho de 2010.

> Mas é importante que o dinheiro seja devolvido a Kameelkop - o rendimento deste sítio, porque se olharmos para os livros, a comunidade comprou gado no valor de 87 000 rands que poderia ter sido utilizado para este problema [devastação pelo fogo] que temos aqui agora. Compreendo que se houver dinheiro suficiente, fundos suficientes, eles podem comprar gado e, obviamente, vender o gado e ganhar dinheiro com isso também. [Mas o dinheiro de Kameelkop deveria ser investido em Kameelkop e talvez não em gado. Penso que nalgumas áreas o foco não está onde deveria estar. Discutimos isto com iNkosi, ele compreende (Funcionário da KZNHCA, julho de 2010).

Em suma, a KZNHCA continua otimista em relação à exploração cinegética de Nqabayamaswazi e existem planos para incluir toda a comunidade de AbeKunene nas actividades da exploração cinegética comunitária, a fim de evitar a repetição do incidente do incêndio. Como explica o funcionário da KZNHCA:

> Esperemos que se vierem noutro ano para outra entrevista, esperemos que haja melhorias, porque estamos a colocar mais pessoas para vir e ajudar. O iNkosi também prometeu. Porque nós dissemos-lhe, precisamos de fazer corta-fogos e só temos quatro pessoas para o fazer - eles não conseguem. Por isso, perguntámos-lhe, "qual é a dimensão da comunidade envolvida aqui?" e ele disse, "são mais de cem pessoas". Na verdade, temos de trazer todas essas pessoas, porque o projeto pertence-lhes a elas, não a nós, e elas têm de ajudar. Toda essa centena de pessoas precisa de ajudar nos corta-fogos. Vai ser rápido e feito, não deve haver problemas. Porque no próximo ano pode voltar a acontecer e temos de o evitar, e a única prevenção é queimar e fazer corta-fogos adequados e geri-los. Mas ele [o chefe] prometeu que vai envolver mais pessoas. Eu disse-lhe que somos uma parte externa que está a ajudar. Fomos nomeados para aqui como entidades externas,

---

Kuickvlei com base num estudo de adequação realizado pelo mesmo departamento. Isto resultou na limpeza da vegetação para o cultivo de culturas. Tal como mencionado no Capítulo Um, o Kuickvlei faz parte do pacote de terras alternativas que a comunidade de AbeKunene recebeu como compensação por Boschhoek e está localizado adjacente à exploração cinegética comunitária (ver Figura 5.3).

> não fazemos parte da comunidade, por isso ele precisa de trazer mais pessoas da comunidade para ajudar. Se Njoko [o diretor da exploração cinegética] decidir ir-se embora amanhã, então voltamos ao princípio... Precisamos de ter mais pessoas da comunidade envolvidas - mesmo com as contagens de caça, corta-fogos, manutenção e gestão de toda a quinta (Funcionário da KZNHCA, julho de 2010).

7.3.3 Reflexões sobre a KZNHCA e as fazendas de caça comunitárias

A KZNHCA entrou em ação depois de a decisão de manter o atual uso da terra já ter sido tomada pelo Trust e pelo chefe em ambas as comunidades em estudo. Os chefes também foram convidados para workshops e seminários sobre a conservação da natureza, a fim de se certificarem de que transmitem estes "conhecimentos sobre a conservação da natureza" às suas respectivas comunidades. Isto foi interpretado pelos beneficiários da terra em ambas as comunidades como significando que a fazenda de caça comunitária pertence à Autoridade Tradicional e, portanto, eles têm pouco sentido de propriedade sobre a fazenda de caça.

A KZNHCA opera uma operação de caça comercial, e muitas das tensões surgem deste facto. O mesmo discurso de uma abordagem corporativista 'de cima para baixo' é partilhado pelo governo na sua forma de pensar sobre a reforma agrária, que consiste em transformar os beneficiários da terra em agricultores comerciais negros (Lahiff, 2009). A este respeito, as comunidades não têm o poder de decidir o uso da terra que preferem, mas são forçadas a manter o uso atual da terra para continuar com a produção, o que faz com que os membros individuais tenham menos ou nenhuns benefícios do uso da terra (Lahiff, 2009).

O principal acordo desde o início da parceria em ambas as comunidades era que a KZNHCA educasse os beneficiários da terra sobre a gestão da fauna bravia, a fim de lhes permitir operar as suas respectivas fazendas de caça comunitárias num futuro próximo. Como mencionado acima, a KZNHCA esforça-se para que as duas explorações cinegéticas comunitárias atinjam o nível de sucesso dos seus antecessores na caça, ou seja, os proprietários anteriores. No entanto, o sucesso é improvável para os beneficiários das terras, tendo em conta que os anteriores proprietários exploravam estas explorações cinegéticas como empresas familiares, casas de férias e afins. Resta-nos imaginar os benefícios potenciais que cada agregado familiar obteria se os benefícios destas pequenas explorações fossem distribuídos por toda a comunidade composta por centenas de pessoas.

A KZNHCA e os dois fundos fiduciários comunitários em estudo estão de acordo em manter o uso atual da terra como cinegética, mas isto é inseparável da dinâmica de poder, desconfiança e diferenças de opiniões, especialmente quando se trata de questões de desenvolvimento das cinegéticas comunitárias. Por exemplo, na reserva de caça comunitária de Nqabayamaswazi, a KZNHCA conseguiu opor-se à construção de um centro de conferências por motivos de conservação da natureza, mas não o conseguiu fazer na reserva de caça comunitária de Ngome, onde o Ngome Community Land Trust avançou com a construção de um novo lodge e de um centro de conferências sem o consentimento da KZNHCA (ver Placa 7.1 & 7.2). Como já foi referido, alguns membros da KZNHCA (clientes de caça) ficaram a queixar-se do alojamento improdutivo e do centro de conferências. Estes encontros falam diretamente da dinâmica de poder entre os dois Trusts comunitários e a KZNHCA.

A relação entre o Boschhoek Community Trust (BCT) e a KZNHCA é estável, embora não seja isenta de problemas. No entanto, na relação entre o Ngome Community Land Trust e a KZNHCA, cada encontro é uma batalha. Isto deve-se, em parte, ao facto de a KZNHCA não conseguir exercer poder sobre o Ngome

Community Land Trust (NCLT), ao contrário do que acontece na Nqabayamaswazi Game Farm. O NCLT é muito mais político e desconfiado na sua abordagem ao KZNHCA do que o BCT. No entanto, parece que o BCT também está a tornar-se mais crítico e radical na sua abordagem ao KZNHCA, o que é evidente na sua compra clandestina de gado para ser integrado na fauna bravia sem o consentimento do KZNHCA. Esta ação é considerada pela KZNHCA como um desperdício de fundos que poderiam ter sido utilizados em incidentes como o incêndio de julho de 2010. No caso da Reserva de Caça Comunitária de Ngome, a questão do gado também foi levantada. Alguns membros da KZNHCA também manifestaram a sua preocupação com o facto de o gado pertencente à Autoridade Tradicional de Zondi ser mantido dentro da Reserva de Caça Comunitária de Ngome, o que leva a receios de sobrepastoreio (ver Placa 6.2).

Todos estes são exemplos de lutas de poder moldadas por diferenças de opiniões quando se trata de questões de desenvolvimento das explorações cinegéticas comunitárias em estudo. O principal objetivo desta secção era realçar os problemas acima referidos, a fim de mostrar que os acordos de gestão entre os representantes da 'comunidade', sob a forma de Trusts, CPAs e o sector privado não são, afinal, tão românticos, pois estão em conflito com as lutas pelo poder na gestão das explorações de caça comunitárias.

7.4 Ezemvelo-KZN Vida selvagem e cinegética comunitária

A discussão passa agora a avaliar as relações entre as duas fazendas de caça comunitárias em estudo e a Ezemvelo-KZN Wildlife (EKZNW). A EKZNW é a autoridade provincial de conservação estatal que não só gere áreas protegidas, mas também se preocupa com a conservação da biodiversidade em terras privadas, incluindo novas explorações de caça comunitárias. Para além disso, a ideologia da 'conservação baseada na comunidade' é uma parte importante dos seus planos de implementação.

Aqui a agenda é muito diferente da do KZNHCA, pois o EKZNW não é movido por motivos lucrativos e pela utilização da vida selvagem através da caça. Mas está a tentar ter influência sobre o que acontece nas explorações privadas de caça. Em geral, a EKZNW pode exercer controlo direto sobre o que acontece nas explorações de caça privadas na província através da emissão das licenças de caça necessárias. Como um funcionário da conservação explicou em relação ao seu envolvimento na fazenda de caça de Nqabayamaswazi:

> A principal preocupação do nosso departamento é a conservação da biodiversidade. É essa a nossa função principal. Mas não o podemos fazer de forma isolada. Para que a conservação da biodiversidade seja significativa, tem de ter em conta o envolvimento da comunidade. A conservação da biodiversidade tem de reconhecer as comunidades envolventes. De facto, conservamos a biodiversidade dentro e fora das áreas protegidas, seja em Kameelkop ou não. Por outras palavras, temos relações contínuas com Kameelkop. As nossas relações [com a comunidade] constituem uma função central dos nossos deveres. Nós, enquanto organização, estamos lá para os apoiar e aconselhar. Temos diferentes formas de atuação. Temos aquilo a que chamamos Oficiais de Conservação Distritais - dão conselhos sobre questões de conservação da biodiversidade. Eu e o meu colega aconselhamo-los sobre questões sociais. Por isso, a nossa relação não vai acabar. Se isso acontecer, a nossa existência será questionável (Funcionário da EKZNW, agosto de 2010).

Uma vez que se trata de interesses privados e não de áreas protegidas pertencentes ao

Estado, as explorações de caça comunitárias, como as das comunidades de Zondi e AbeKunene, não são contempladas no orçamento do EKZNW. Esta questão foi levantada por um funcionário da KZNHCA que considera que as explorações de caça atribuídas às comunidades beneficiárias em KwaZulu-Natal através do programa de reforma agrária são uma área negligenciada e que o Estado deveria dispor de um orçamento para as apoiar:

> Existem 32 quintas, reservas comunitárias como esta, 62 propriedades em 32 quintas ou agrupamentos que totalizam quase cem mil hectares. Se olharmos para a hierarquia, a nível provincial - as reservas provinciais - o governo dá à Ezemvelo 250 milhões de rands por ano. O Wildlands Trust gera dinheiro, também para a Ezemvelo. Assim, todas as vossas reservas, Hluhluwe, Umfolozi, todos esses lugares são cuidados, alguém os financia. Vejam-se os ranchos de caça, vejam-se todos esses locais agradáveis, alguém os financia. Mas há uma porção de terra - 100 000 hectares - que ninguém está a financiar - todas as quintas, todas as propriedades devolvidas à população local. Ninguém lhes ensina a geri-las, a gerar dinheiro, a mantê-las, a levar as pessoas até elas. Ninguém percebe de marketing, ninguém percebe de finanças. E deixem-me que vos diga, se continuar assim, haverá uma revolta (Funcionário da KZNHCA, agosto de 2010).

A secção seguinte analisa a relação entre o EKZNW e os fundos fundiários comunitários em cada um dos estudos de caso.

7.4.1 EKZNW e Ngome Community Land Trust

As fazendas ou reservas de caça comunitárias em estudo são antigas fazendas/reservas de caça privadas utilizadas principalmente para a caça. Por conseguinte, o papel da autoridade provincial de conservação é indireto, ao contrário das áreas protegidas estatais onde desempenha um papel central. O seguinte é um extrato de uma entrevista com o antigo Consultor de Formação da Reserva de Caça Comunitária de Ngome (nomeado pelo antigo DLA, como descrito acima). Na sua opinião, a autoridade provincial de conservação deveria ter prestado mais apoio.

> Após a aquisição pela comunidade, a Ezemvelo KZN Wildlife nunca veio, não houve qualquer contributo para além da obtenção das licenças para a caça. É preciso ter uma licença para caçar. Como reserva de caça ou quinta de caça, é preciso ter uma licença da KZN Wildlife como autoridade emissora para permitir que as pessoas venham caçar lá. Para o tornar legal. Os únicos contactos que tive com a KZN Wildlife quando ainda lá estava foram pedidos de licenças, nada mais.

Eles nunca foram lá (Antigo Consultor de Formação, setembro de 2010).

No entanto, a situação melhorou ao longo dos anos desde a partida do antigo consultor de formação em 2000. A Reserva de Caça Comunitária de Ngome tem agora um funcionário do EKZNW a trabalhar com o Ngome Community Land Trust em questões sociais relacionadas com a reserva de caça comunitária. Este funcionário assumiu as suas funções em 2009. Até à data, teve de lidar com uma série de problemas, incluindo os seguintes:

(i) Abate ilegal de animais selvagens por membros proeminentes da comunidade Zondi para *umkhosi* (*uma cerimónia tradicional*).

(ii) A questão do anterior proprietário da vizinha Reserva de Caça de Khobotho, que decidiu abater toda a sua vida selvagem, uma vez que esta não foi paga pela DLA como parte da transferência de terras.

(iii) O conflito que conduziu a ameaças de ação judicial por parte do Izanqawe Trust contra o Ngome Community Land Trust devido à construção de uma nova vedação e à extensão da Reserva de Caça Comunitária de Ngome (que ocupou uma parcela de terreno do Izanqawe Trust).

Cada um destes incidentes é brevemente analisado de seguida.

No primeiro caso, um membro da KZNHCA foi à reserva de caça para tratar de uma falha de energia no matadouro e, quando lá chegou, viu peles de *imigakla* que tinham sido abatidas sem licença. Isto criou uma grande tensão. Em algumas das suas acções, a comunidade está a infringir a lei. A associação de caçadores KZNHCA afirma que é a única parte com direitos de caça e ficou surpreendida ao encontrar alguma da caça abatida sem licença.

> O KZNHCA disse que foram abatidos oito *imigakla*. Aparentemente, os animais foram abatidos para servir a umkhosi [cerimónia tradicional]. Isto é contra a lei. Tem de haver uma investigação sobre a forma como tal coisa aconteceu. Disse-lhes que, enquanto comunidade, têm direitos no que respeita à exploração cinegética e que, se quiserem alguma coisa, devem vir pedir, porque agora estão a tornar impossível a aplicação da lei. A lei deve seguir o seu curso entre todos, todos devem respeitar a lei, deve haver um equilíbrio. Disse-lhes que se quiserem ajuda num assunto urgente, temos de falar sobre isso e fazê-lo de acordo com a lei (Funcionário da EKZNW na Reserva de Caça Comunitária de Ngome, abril de 2010).

A disputa sobre o abate de animais selvagens por membros proeminentes da comunidade de Zondi para *umkhosi* diz muito sobre o sentimento de propriedade que a Autoridade Tradicional de Zondi tem sobre a Reserva de Caça da Comunidade de Ngome. Neste caso particular, os animais abatidos foram utilizados como carne para uma cerimónia tradicional que não poderia ter tido lugar sem o consentimento da autoridade tradicional.

Um segundo problema foi criado pelos desenvolvimentos na reserva vizinha de Khobotho (ver Placa 5.2 e Anexo 1) quando esta foi entregue aos beneficiários da terra. O proprietário anterior da Reserva de Caça de Khobotho queria capturar e deslocar toda a sua fauna bravia, depois de o DLA não ter pago por ela ao abrigo do "pacote de arrendamento de mão de obra". Este resultado significava efetivamente que Khobotho não podia continuar a ser uma reserva de caça ou uma quinta de caça porque já não havia caça (ver Anexo 1).

Como afirmou o funcionário da EKZNW que trabalha em Ngome:

> Encontrei-me com os dois presidentes dos dois Trusts [o Ngome Community Land Trust e o Izanqawe Trust em Khobotho] a propósito de um assunto sobre o anterior proprietário que queria vender alguma caça na quinta de caça. Um dos fundos não queria que o proprietário anterior vendesse a caça. Disse então ao outro Fundo e ao DLA para escreverem uma carta e solicitarem uma licença. Algumas espécies cinegéticas ainda pertencem ao *umlungu* [o proprietário anterior] porque não foram compradas a ele e, por conseguinte, não faziam parte do pacote do arrendatário. O proprietário anterior queria a caça porque não fazia parte da compra da terra. Eventualmente, foi-lhe concedida uma autorização para abater a sua caça. Subsequentemente, isto criou um grande caos. Levei então os dois presidentes do Fundo ao anterior proprietário e discutimos o assunto. Concordámos então em realizar uma reunião numa data específica, mas essa reunião não se realizou (Funcionário do Ngome EKZNW, abril de 2010).

Em terceiro lugar, o funcionário do EKZNW teve de resolver uma disputa entre o Ngome Community Land Trust e o Izanqawe Trust (CPA a quem foram confiados os direitos de propriedade sobre a vizinha Reserva de Caça de Khobotho, que foi desmantelada). O Izanqawe Trust ainda tem autoridade sobre o pedaço de terra, apesar de a reserva de caça ter sido desmantelada (ver Placa 5.2 e Anexo 1). A disputa que o funcionário da EKZNW teve de resolver foi desencadeada pela construção de uma nova vedação que incorporou um pedaço de terra pertencente ao Izanqawe Trust na Reserva de Caça Comunitária de Ngome. Em consequência, o Izanqawe Trust ameaçou o Ngome Community Land Trust com uma ação judicial. Mas o funcionário do EKZNW interveio e conseguiu impedir que a questão fosse levada a tribunal, pelo menos por enquanto.

7.4.2 EKZNW e Boschhoek Community Trust

'Os Assuntos Fundiários deram-lhes terras. É nosso papel, mais uma vez, dizer que isto é uma questão de biodiversidade, e entrar por esse ângulo' (Funcionário da EKZNW, julho de 2009). O gerente da fazenda de caça Nqabayamaswazi, Sr. Njoko, foi sugerido pelo EKZNW e era um dos seus antigos funcionários. Ele era um guarda-florestal da KZN Wildlife - na altura a Direção dos Parques de Natal. O seu conhecimento é bastante vasto, ele ajuda muito aqui" (Funcionário da KZNHCA, julho de 2009). O gestor da exploração de caça trabalha atualmente para o Boschhoek Community Trust.

Esta relação foi explicada mais pormenorizadamente por um dos funcionários da EKZNW:

> Como podem ver, [com] o irmão Njoko - abordámos a comunidade e falámos-lhes de um reformado com boa experiência - é por isso que o Njoko está aqui. Ele estava a trabalhar para nós em uMfolozi [reserva de caça]. Apercebemo-nos de que a comunidade não consegue gerir a exploração cinegética sozinha. Precisa de competências, competências na área da caça, uma pessoa com boa experiência. Por isso, o nosso envolvimento é importante porque é a nossa disciplina. Os Assuntos Fundiários não saberiam que tipo de pessoa é necessária - apenas forneceram dinheiro (Funcionário do EKZNW, Kameelkop, julho de 2009).

Placa 7.3: Funcionários da EKZNW com membros do BCT e o diretor da exploração de caça de Nqabayamaswazi

Estes acordos mostram o empenhamento da EKZNW na sua contribuição para o funcionamento da exploração cinegética comunitária (Ngubane, 2009). No entanto, nem tudo está a funcionar tão bem. A placa 7.4 mostra a antiga casa da quinta que deverá ser renovada por cortesia da EKZNW. No entanto, tal não tinha acontecido aquando da redação desta tese em 2011, ou seja, dois anos após a promessa ter sido feita pela EKZNW.

Placa 7.4: Antiga quinta a ser renovada pela EKZNW

O principal problema que a Nqabayamaswazi Game Farm está a ter com a EKZNW é a emissão de licenças de caça, uma tarefa do District Conservation Officer (DCO). Há muita frustração em torno desta questão, como explica um funcionário da exploração de caça comunitária:

> Havia dois funcionários; um estava a trabalhar no exterior com a comunidade e o outro dentro da quinta de caça. Estes homens são dois funcionários que trabalham para a Ezemvelo KZN Wildlife. O que temos atualmente está a trabalhar com a comunidade. Era melhor trabalhar com o outro porque ele estava mais perto de nós. Agora só temos um. Mas o problema é que eles têm funções diferentes. O DCO devia ter sido substituído por outro funcionário que ocupasse o seu lugar a partir de então. Tentei mas não consegui chamar o DCO. Isto significa que eles [Ezemvelo KZN Wildlife] não continuaram com os ficheiros do DCO.
>
> Agora não temos ninguém. Mesmo quando se trata da licença [de caça], fomos assistidos pela KZNHCA. Antigamente, este era o papel do DCO... Antes da época de caça, há uma contagem da caça e esse número é levado a Ezemvelo. Depois, o Ezemvelo examina esse número para determinar a quantidade de caça que pode ser abatida e, em seguida, recebo uma licença que estipula a data exacta, o início e o fim da época de caça e também as espécies de caça que podem ser caçadas. O DCO ajudou-nos com essa licença porque a época de caça não pode começar sem uma licença de caça. Isto levou a que a KZNHCA nos ajudasse a [obter] a licença de caça este ano (Funcionário de Nqabayamaswazi, maio de 2010).

De acordo com o funcionário entrevistado da EKZNW, um novo DCO ocupou o lugar vago. Contudo, isso não fez qualquer diferença em Nqabayamaswazi porque não conheceram o novo DCO e continuam a depender da KZNHCA para obterem as licenças de caça correctas. Sem a KZNHCA não haveria caça porque a caça não pode ser efectuada sem uma licença de caça.

Estes problemas são reconhecidos pelos funcionários da EKZNW. A reação ao incêndio devastador na reserva de caça da comunidade ilustra algumas das dificuldades. Os bombeiros locais não conseguiram apagar os incêndios na reserva de caça de Nqabayamaswazi, alegando que não podiam trabalhar numa área fora da sua jurisdição.

Esta situação foi causada pela nova demarcação municipal: infelizmente, a reserva de caça da comunidade atravessa dois municípios locais, o que tem sérias implicações para a prestação de serviços, especialmente em caso de incêndio.

Comentando o incêndio na exploração de caça de Nqabayamaswazi e o facto de não ter sido contido a tempo, um funcionário da EKZNW observou

> A esperança tem de existir, mas o principal problema é a fragmentação das agências de apoio. O mesmo se aplica à questão da gestão de catástrofes - é a falta de coordenação. É um problema grave e é lamentável para os cidadãos do país. Há esperança, mas se os departamentos estatais continuarem a estar fragmentados, estarão a contribuir para o fracasso dos projectos. Muitos projectos desmoronam devido à falta de coordenação. Em vez disso, estão a lutar entre si, como é o caso dos bombeiros e da gestão de catástrofes. Se estivessem realmente empenhados em ajudar as pessoas, teriam enviado os seus veículos para se encontrarem a meio do percurso.
>
> Há esperança para o futuro porque a comunidade liderada por iNkosi tem a paixão. Se isto falhar, terá sido o governo a falhar com as pessoas. Falta-nos liderança algures, de alguma forma. Precisamos de alguém que assegure a coordenação, para que as coisas não se fragmentem. Mas se nos perguntarmos que departamento estatal pode fazer isso, acabamos por ficar confusos porque, como departamentos estatais, entramos para fazer coisas diferentes, ninguém nos junta (Funcionário da Vida Selvagem de Ezemvelo KZN, agosto de 2010).

Os problemas acima referidos são muito provavelmente causados pela falta de uma política que trate diretamente das áreas de conservação da natureza de propriedade comunitária. Esta constatação também faz parte das recomendações do estudo discutidas no Capítulo 8. A secção seguinte apresenta uma breve comparação do papel do EKZNW nas duas explorações cinegéticas comunitárias.

7.4.3 Breve comparação do papel do EKZNW nas duas explorações cinegéticas comunitárias

Em ambas as explorações cinegéticas comunitárias, o envolvimento do EKZNW parece ser, em grande medida, a emissão de licenças de caça. No entanto, existem outros papéis importantes, tais como a conservação da biodiversidade, a ligação com a comunidade e o desenvolvimento de infra-estruturas. Ao contrário da KZNHCA, a autoridade provincial de conservação não é movida por motivos de lucro, lazer e oportunidades de caça para os seus membros. O principal objetivo da EKZNW em ambas as fazendas de caça comunitárias é a conservação da biodiversidade e a criação de uma consciência ambiental entre os trusts comunitários a quem foram confiados os direitos de propriedade sobre estas fazendas de caça comunitárias. Desta forma, a autoridade de conservação assegurou a continuidade da caça/conservação da natureza, o que se pode dizer que está em conformidade com a realização de objectivos mais amplos de conservação da biodiversidade na província. No entanto, é de notar que a EZKNW interage principalmente com os fundos comunitários em ambas as explorações cinegéticas comunitárias e ainda não realizou um 'estudo de atitude' entre os restantes membros da comunidade que são os beneficiários legítimos destas explorações cinegéticas comunitárias para determinar se estão ou não de acordo com a cinegética comunitária.

7.5 Influência dos parceiros externos sobre os chefes

Tal como referido no Capítulo 6, os parceiros externos tiveram uma enorme influência na forma de pensar dos chefes, o que, por sua vez, se reflectiu nos resultados. Dado o domínio dos *amakhosi* no processo de reforma agrária (descrito no Capítulo 6), esta influência moldou os resultados de forma importante. Em ambas as comunidades em estudo, o DLA e outros órgãos do estado, como o EKZNW e, até certo ponto, o Departamento de Agricultura, parecem ter usado os amakhosi como agentes de pensamento especializado em conservação da natureza. Este pensamento é depois imposto aos beneficiários da terra para que aceitem a caça como uma utilização da terra. Isto é feito para assegurar a continuidade da "produção de fauna bravia" depois de as reivindicações de terra terem sido resolvidas.

Vale a pena repetir aqui a citação de Nkosi Kunene:

> A cinegética era uma novidade para nós, mas estávamos muito interessados [no negócio], e esse interesse era atribuível ao facto de, quando apresentámos a reivindicação de terras, termos concordado em tornar a terra rentável quando a reivindicação de terras fosse resolvida ... Quando recebemos a exploração cinegética, recebemos um negócio bem organizado, e não tivemos de começar do zero - construção da vedação, etc., estava tudo lá, os animais estavam lá, e até o alojamento, a pousada estava lá. Tudo o que tínhamos de fazer era entrar e assumir o controlo.

> O meu papel como iNkosi era fazer com que a comunidade compreendesse a importância da exploração cinegética, para mudar a mentalidade. Por outras palavras, tinha de os ensinar a respeitar e a amar os animais, para que as gerações futuras também os vissem no futuro. Tive de os ensinar a não cortar árvores e vegetação; a exploração cinegética não serve para lenha. Mesmo a erva não existe para queimarmos, mas para os animais pastarem, e também para fazermos o colmo das nossas casas e também para vendermos alguma da erva do colmo. E também para as nossas crianças nas escolas locais, temos de manter a quinta de caça para que possam ir em excursões e aprender sobre a natureza. Estas foram algumas das coisas que tivemos de fazer para formar as pessoas sobre o que devem fazer.
>
> Obtive esse conhecimento do pessoal do Departamento de Agricultura e Conservação da Natureza, que nos ensinou sobre a conservação da natureza. Portanto, tive de os ensinar (*os beneficiários da terra*) sobre isso, antes de iniciarmos o negócio (Nkosi Kunene, julho de 2010).

Este papel de defesa da cinegética comunitária por parte da Amakhosi é evidente nas reuniões comunitárias em que a liderança parece ser enfática quanto à viabilidade da cinegética como uso da terra. Por conseguinte, pode deduzir-se que o antigo DLA, o EKZNW e outros departamentos estatais, como o antigo Departamento de Agricultura, impuseram, até certo ponto, a cinegética aos beneficiários da terra como uma opção viável de utilização da terra através da Amakhosi, que depois filtram este "pensamento especializado de conservação da natureza" através de estruturas representativas como os fundos comunitários ou os CPAs. Conclusões semelhantes podem ser tiradas em termos do papel da KZNHCA, embora esta tenha entrado em funções depois de estas decisões terem sido tomadas pelo antigo DLA e pelos fundos comunitários.

Estes resultados baseiam-se em filosofias de gestão como a conservação com base na comunidade (CBC) ou a gestão dos recursos naturais com base na comunidade (CBNRM), que são principalmente adoptadas de outros locais (ver Capítulo 2). Na secção introdutória deste capítulo foram levantadas questões como as seguintes: Em que sentido é que isto é CBC? Só porque se trata de vida selvagem e comunidade, é CBC? O CBC pode ser usado como uma forma de gerir um negócio lucrativo em benefício de todos os membros da comunidade? Até que ponto os fundos comunitários são autónomos na tomada de decisões, tendo em conta a crescente influência de parceiros externos em nome do CBC? Como é que as agendas dos vários parceiros estão a moldar os resultados? Estas são as questões levantadas por esta tese para serem desempacotadas no debate académico.

7.6 Conclusão

Este capítulo examinou de forma crítica as parcerias com vários intervenientes em que os fundos comunitários estão envolvidos e a sua influência nas práticas de gestão das explorações de caça. Deste modo, o capítulo avaliou o papel da antiga DLA, da EKZNW e da KZNHCA em ambas as comunidades em estudo. Baseou-se em transcrições de entrevistas para realçar os graves problemas com que se confrontam os beneficiários de terras de conservação da natureza. Com base nestas provas empíricas, é evidente que os parceiros externos e as instituições estatais acima referidas se encontram envolvidos numa combinação complexa de queixas históricas e dinâmicas de poder intracomunitárias. O que é notável, no entanto, é a visão e as agendas destes vários parceiros que efetivamente deixam os beneficiários da terra sem muitas opções em termos de acesso à terra. Isto levanta sérias questões de restituição e democracia, uma vez que os beneficiários da terra não podem instalar-se nas suas terras recém-adquiridas nem beneficiar das práticas comunitárias de cinegética ou de CBC/CBNRM.

A situação do beneficiário da terra nestes casos não é surpreendente, uma vez que é um pouco absurdo esperar que uma comunidade de mais de cem pessoas beneficie de uma pequena quinta de caça ou de uma reserva que foi outrora um negócio familiar ou uma casa de férias. Por outro lado, é agradável saber que um antigo responsável por projectos do antigo DLA, que trabalhou com a comunidade de Zondi, se apercebeu deste facto económico 13 anos após o acordo de reivindicação de terras. Mas que influência terão tais conclusões em mudanças urgentes de política por parte do Departamento de Desenvolvimento Rural e Reforma Agrária, no sentido de dar aos beneficiários da terra a possibilidade de decidirem qual o uso da terra que preferem, em vez de lhes impor a caça comunitária em nome da continuidade da produção de fauna bravia? O principal desafio não são apenas os problemas acima referidos, mas as implicações negativas que têm para os beneficiários da terra que confiaram às suas estruturas representativas os direitos de propriedade sobre as explorações cinegéticas comunitárias. Tais implicações são maioritariamente partilhadas por mulheres marginalizadas, jovens e idosos; alguns dos quais não fazem ideia do que é um fundo comunitário e não fazem ideia do papel da DLA, EKZNW ou KZNHCA. Estes problemas talvez pudessem ter sido evitados se os elementos de poder, orgulho e ganância fossem eliminados, particularmente entre aqueles que ocupam posições de influência nos CPAs. Trata-se de pessoas com o poder, a autoridade e, em certa medida, a vontade política necessários para efetuar mudanças positivas, não para o momento presente, mas para as gerações futuras, que poderão olhar para os seus antepassados e, assim, ficar gratas por um trabalho bem feito.

Vale a pena reiterar que, embora cada um dos parceiros externos ou "partes interessadas" tenha a sua própria agenda em relação à cinegética comunitária. No entanto, elevar estas explorações cinegéticas comunitárias ao nível de organização que atingiram com os anteriores proprietários parece ser a principal ênfase por parte destes parceiros. O cerne da questão é que as situações de propriedade anteriores são difíceis de comparar com a situação atual das comunidades beneficiárias da terra, particularmente num contexto em que a conversão da agricultura convencional para a caça envolveu remoções forçadas. Isto também questiona a ideia mais ampla de uma reforma agrária baseada no objetivo de transformar os beneficiários da terra em agricultores negros, uma observação frequentemente feita nos círculos da reforma agrária (Lahiff, 2009). Expectativas semelhantes emanam da interface entre os fundos comunitários e os parceiros externos; que os beneficiários da terra devem esforçar-se para atingir o nível de sucesso de acordo com os seus antecessores na agricultura de caça, ou seja, os proprietários anteriores. Isto provou ser inatingível ao longo do tempo em ambas as explorações comunitárias de caça em estudo.

A utilização atual da terra (caça) é uma "história de sucesso" por parte dos parceiros externos e dos Trusts/CPAs comunitários, incluindo os Amakhosi/chefes. Mas não é necessariamente o caso dos beneficiários da terra que vêem isto não como uma "história de sucesso", mas uma história de perda, infortúnio e desilusão nos líderes que constituem os Trusts/CPAs, incluindo Amakhosi. Do ponto de vista de muitos beneficiários da terra, uma história de sucesso seria a existência de gado bovino e caprino a vaguear livremente na paisagem, com terra suficiente para a fixação de pessoas e a produção de culturas de subsistência, os princípios básicos da vida rural. Mas o processo de reforma agrária falhou-lhes nesse aspeto. Constatações semelhantes foram encontradas na investigação efectuada pela AFRA em KwaZulu-Natal:

> A investigação sobre os efeitos da conservação e do turismo nos padrões de posse e propriedade da terra em KwaZulu-Natal identificou a conservação e o turismo como opções de uso da terra que têm de competir com opções alternativas de uso

da terra, como a agricultura ou a habitação. A tensão inerente a tais processos é ainda mais complicada quando a justificação para empreendimentos de turismo e conservação se baseia em ideologias de desenvolvimento, tais como o empoderamento dos negros ou o turismo a favor dos pobres, particularmente quando os outros potenciais proprietários de terra são os pobres (AFRA, 2004a:3).

A principal questão que emana deste estudo é a de saber se isto é democracia. Na mesma linha, uma outra questão reemerge, a de saber se isto é restituição de terras (Ramutsindela, 2002). Estas questões serão abordadas no capítulo seguinte e conclusivo desta tese, o Capítulo Oito.

Capítulo 8

Conclusão

8.1 Introdução

Este estudo comparativo fez uma tentativa de levantar as vozes ocultas dos antigos rendeiros que foram retirados à força das suas terras durante o período do apartheid para dar lugar a explorações de caça privadas, bem como as vozes das vítimas de remoções de manchas negras a quem foram direta e indiretamente concedidas explorações de caça privadas através do programa de reforma agrária. Esta posição e abordagem emancipatórias baseiam-se na 'necessidade de reforçar a voz dos pobres rurais para que possam articular claramente os problemas e desafios a nível local e começar a apresentar opções alternativas para enfrentar os desafios com que se confrontam' (Andrews, 2007:218). Assim, esta tese foi conceptualizada dentro da praxis qualitativa da Geografia Humana e, portanto, 'segue a tradição que procura dar voz àqueles que não são ouvidos ou silenciados pelos poderosos, e também falar a verdade, ou pelo menos as suas verdades, de volta ao poder' (DeLeyser et al., 2010:9).

Na análise da forma como a reforma agrária se desenrolou nestes dois contextos, prestou-se muita atenção a um conjunto específico de práticas, lugares e ligações, de forma a esclarecer como os processos mais amplos são constituídos na prática, bem como a sugerir terrenos de ação prática (Hart, 2002:15). As duas explorações comunitárias de caça (pertencentes às comunidades de AbeKunene e Zondi) forneceram uma lente para os processos socioeconómicos e políticos locais e muito mais amplos, históricos e contemporâneos, que sustentam a dinâmica do poder em tais contextos.

Esta tese revelou que essas dinâmicas de poder fazem parte de uma história mais longa. Passou em revista vários mecanismos históricos de usurpação de terras exercidos por séculos de supremacia branca, preparando o cenário para a era do apartheid, que incluiu remoções forçadas em grande escala de habitantes de quintas de trabalho (arrendatários), bem como de Amakholwa de terras africanas em nome da consolidação da pátria. Este é um precursor necessário para compreender os resultados das iniciativas de reforma agrária. A investigação contribui para a compreensão da história do arrendamento de mão de obra e da sua continuação sob várias formas, incluindo a experiência dos arrendatários de mão de obra em explorações/reservas de caça privadas na era da democracia.

Outro tema histórico importante que se estende até ao presente é a história do *ubukhosi* (liderança tradicional) na luta pela terra e o papel desta instituição na reforma agrária, na caça comunitária e nos CPAs - que foram em parte estrategicamente concebidos pelo antigo DLA para reduzir alguns dos poderes dos chefes em questões de terra (Oomen, 2005). O estudo regista a forma como estão a ser criadas novas histórias de "conservação comunitária" através do processo de restituição de terras, à medida que as terras privadas sob caça comercial são concedidas às comunidades reclamantes (ver Ngubane, 2011).

8.2 Resumo das principais conclusões

O objetivo da investigação era identificar e investigar as principais dinâmicas sócio-espaciais e políticas envolvidas na aquisição de explorações de caça privadas por beneficiários da reforma agrária. Este objetivo foi subdividido concetualmente em três objectivos. Os três objectivos também podem ser colocados como perguntas e as respostas sugeridas por esta pesquisa são resumidas abaixo.

8.2.1 Objetivo 1

Como é que as diferentes vias legais adoptadas através do processo de reforma agrária influenciaram a natureza do assentamento, bem como os resultados pós-assentamento?

Como se pode ver na Tabela 6.1, as comunidades em estudo seguiram caminhos diferentes no processo de reforma agrária, com base na sua experiência histórica e no que era possível através da legislação disponível. O programa de reforma agrária tem três pilares (restituição, redistribuição e reforma da posse) que os requerentes podem seguir para aceder à terra. Ambas as comunidades tinham o seu chefe a apresentar a reivindicação de terra em seu nome. A comunidade de Zondi começou por seguir a via da restituição de terras e mais tarde foi aconselhada pelo antigo DLA a optar pela redistribuição de terras porque a sua desapropriação de terras era anterior à data limite de 1913 para todos os pedidos de restituição de terras. A mudança para a redistribuição significou que os beneficiários de terras tiveram de combinar as suas subvenções para poderem pagar o preço da terra. Isto levou à compra de uma cadeia de quintas, incluindo uma reserva de caça privada, Bhambatha's Kraal, que passou a chamar-se Reserva de Caça Comunitária de Ngome.

Esta exploração agrícola em particular tem a sua própria história social e económica, envolvendo os rendeiros que tiveram de ser deslocados quando esta (a exploração agrícola dos rendeiros) foi convertida em exploração cinegética em 1974 e os poucos que ficaram para trás para trabalhar. Com base na sua história, os rendeiros acima referidos são os beneficiários "legítimos" da Reserva de Caça Comunitária de Ngome. No entanto, o facto de a reivindicação de Ngome ser uma reivindicação geral do clã feita pela autoridade tribal e de o Kraal de Bhambatha ter sido devolvido aos 'Zondis' mas não às pessoas que tinham sido expulsas da terra (isto é, os trabalhadores arrendatários expulsos devido à caça), fez uma diferença. Isto significa que os beneficiários "legítimos" da Reserva de Caça Comunitária de Ngome foram incorporados na reivindicação geral do clã feita pela autoridade tribal. Esta constatação pode ser associada àquilo a que Lahiff (2008) chama a "coletivização forçada" vivida pelos requerentes de terras que tiveram de combinar as suas concessões com pessoas de fora para poderem pagar o preço da terra. Os beneficiários 'legítimos' da Reserva de Caça Comunitária de Ngome não podiam, evidentemente, regressar à sua terra original porque esta se ia tornar uma reserva de caça 'comunitária'.

Durante o trabalho de campo, o investigador deparou-se com a desmantelada reserva de caça de Khobotho (ver Placa 5.2 e Apêndice 1), o que constitui um contraste interessante, onde foi apresentada uma queixa de um rendeiro. A reclamação foi apresentada pelo Izanqawe Trust em nome dos arrendatários trabalhadores que foram retirados à força quando a quinta Olivefontein (ver Figura 5.2) foi convertida em reserva de caça do Khobotho em 1982. Este grupo de requerentes incluía aqueles que "sobreviveram" ao despejo de 1982 e se tornaram trabalhadores da reserva de caça do Khobotho. Para este grupo de requerentes, o processo de reforma agrária, em particular a reivindicação do arrendatário trabalhador, funcionou de uma forma muito diferente e estabeleceu um novo precedente na arena das reivindicações de terra em terras de conservação da natureza ou de caça. A reserva de caça de Khobotho foi desmantelada e os beneficiários da terra começaram (desde 2009) a instalar-se de novo nas suas terras originais (ver Anexo 1).

De acordo com os beneficiários da terra, isto é uma indicação clara de sucesso e satisfação com o programa de reforma agrária. No entanto, é de salientar que, se não fossem os constrangimentos financeiros da DLA, a reserva de caça de Khobotho teria continuado a funcionar e talvez se tivesse transformado também numa reserva de caça comunitária.

Inicialmente, este estudo comparativo tinha como objetivo comparar a Reserva de Caça Comunitária de Ngome e a Fazenda de Caça de Nqabayamaswazi. Como explicado acima, a história do Khobotho desmantelado - tal como Ngome, que no passado também fazia parte da reserva de caça privada Kraal de Bhambatha - surgiu e foi incorporada no estudo. O foco passa agora a ser resumir como a via legal seguida pela comunidade de AbeKunene no processo de reforma agrária influenciou a natureza do assentamento, bem como os resultados pós-assentamento.

Nkosi Kunene apresentou um pedido de restituição de terras em nome da comunidade de AbeKunene contra a SANDF que tinha ocupado as suas terras desde o início da década de 1970. Infelizmente, o pedido de indemnização não foi bem sucedido, uma vez que a SANDF reteve a terra devido à sua importância para a formação do exército. Foi então oferecida aos AbeKunene uma terra alternativa/compensatória que incluía duas quintas, uma das quais é uma quinta de caça. Foi assim que a comunidade foi incorporada nos discursos actuais de reivindicações de terras de conservação da natureza, tais como a gestão comunitária da vida selvagem ou a conservação baseada na comunidade.

Os AbeKunene não fizeram parte das remoções forçadas para conservação da natureza, mas receberam a quinta de caça como compensação pela terra (Boschhoek) que perderam através de uma remoção de manchas negras em 1968. As entrevistas mostram que vários dos beneficiários da terra estão descontentes com a terra de compensação e ainda anseiam por Boschhoek. Alguns deles culpam o chefe por ter aceite a opção do pacote de terras alternativo. No entanto, deve notar-se que, embora alguns beneficiários da terra possam culpar o chefe, parece que Nkosi Kunene tinha, de facto, pouco espaço de manobra, uma vez que a SANDF não estava preparada para devolver Boschhoek e até usou o cartão de "conservação da natureza" para manter a terra (ver Anexo 4). Isto garante então que 'a luta é entre o estado poderoso (e outros interesses) e os pobres rurais' (Kepe et al. 2003:05).

Outro fator foi a data em que as reivindicações foram processadas e resolvidas. A reforma agrária não permaneceu estática, mas mudou ao longo do tempo. Uma atenção especial à comunidade de Zondi revela que quanto mais cedo a reivindicação de terra é resolvida, mais cedo é retirada a DLA como estrutura de apoio. A reivindicação dos Zondi foi resolvida muito mais cedo no programa de reforma agrária (em 1997). Um contraste interessante é o caso de AbeKunene, cuja reivindicação de terra foi resolvida muito mais tarde (em 2005). O AbeKunene ainda recebe apoio pós-assentamento do antigo DLA, atualmente o Departamento de Desenvolvimento Rural e Reforma Agrária. Este facto é atribuível a uma recente mudança de política por parte do antigo DLA no sentido do apoio pós-instalação.

Este estudo comparativo sugere, portanto, que as diferentes rotas adoptadas através do programa de reforma agrária pelas comunidades em estudo tiveram uma influência significativa no tipo de resultado. Em termos de questões relacionadas com a justiça social, o mais "justo" parece ser o resultado do Khobotho, em que os rendeiros estão a regressar à terra de onde foram retirados. Nem os rendeiros de Ngome nem os amakholwa de Boschhoek recuperaram efetivamente a sua terra e, no caso de Ngome, o acordo sobre a terra é pouco mais do que um pedaço de terra adicional considerado como 'a reserva de caça do chefe'.

A secção seguinte apresenta um breve resumo da medida em que os líderes tradicionais promoveram as explorações de caça comunitárias criadas através do processo de reforma agrária, e as consequências deste envolvimento para um resultado justo e/ou sustentável.

8.2.2 Objetivo 2

Até que ponto a liderança tradicional promoveu as explorações de caça comunitárias criadas através do processo de reforma agrária e quais são as consequências deste envolvimento para um resultado justo e/ou sustentável?

Este objetivo de investigação surgiu no decurso das entrevistas comunitárias, bem como das entrevistas com "parceiros interessados" externos. Tornou-se cada vez mais óbvio que as estruturas de autoridade tradicional (e os chefes em particular) tinham, de facto, desempenhado um papel importante na facilitação da transição da caça privada para a caça comunitária por parte destes beneficiários de terras do KwaZulu-Natal. A tese levanta questões sobre o poder dos Amakhosi sobre as terras recém-adquiridas através da reforma agrária e a sua influência sobre os CPAs democraticamente eleitos. Será que este pedaço de terra recém-adquirido - a fazenda de caça - se torna *de facto uma* terra "comunal" devido ao poder do chefe em determinar o que acontece lá? E as disposições da Lei do CPA que tentam reduzir alguns dos poderes dos chefes em questões de terra?

(Ngubane e Brooks, 2011).

Existe um debate nos círculos académicos sobre a liderança tradicional e a sua compatibilidade com o regime democrático na África do Sul (Ntsebeza, 2005; Oomen, 2005; Fraser, 2007; Ramutsindela, 2007b). Esta tese contribui para esse debate ao traçar as etapas através das quais os chefes afirmaram o seu poder nesta arena. O papel de defesa e desenvolvimento dos Amakhosi para a conservação da natureza em ambas as explorações de caça comunitárias em estudo em KwaZulu-Natal foi uma descoberta inesperada que emergiu fortemente do trabalho de campo. A investigação mostrou que os líderes tradicionais, embora possam atuar como líderes responsáveis em muitos casos, também mostram elementos antidemocráticos em relação aos seus 'súbditos'. Isto foi especialmente óbvio no caso da Reserva de Caça Comunitária de Ngome. Por exemplo, a Autoridade Tradicional de Zondi beneficia injustamente da Reserva de Caça Comunitária de Ngome, na medida em que o seu gado é autorizado a pastar dentro da reserva de caça 'comunitária', enquanto o resto da comunidade beneficiária da terra não pode fazer o mesmo (ver Quadro 6.2).

Estas práticas injustas, incluindo a recente construção e extensão da vedação da Reserva de Caça Comunitária de Ngome, levaram alguns membros da comunidade Zondi a recorrer às 'armas dos fracos' (Scott, 1986) contra a reserva de caça comunitária, cortando algumas partes da vedação em 2010. Estas acções podem também ter sido motivadas pela expulsão, em 2003, dos trabalhadores das explorações cinegéticas da Reserva de Caça Comunitária de Ngome pelo seu próprio chefe e confiança da comunidade (ver Prato 6.1). A situação chegou a um ponto em que, como um inquirido afirmou com raiva:

> ... eles mudaram a condição da reserva de caça de uma reserva de caça comunitária para uma reserva de caça de autoridade tradicional. É a autoridade tradicional que governa aqui, não os beneficiários [da terra] - os proprietários da terra não estão a governar. Os proprietários da terra são maltratados por serem oprimidos pela autoridade tradicional - é por isso que as coisas estão como estão (Membro do desmantelado Ngome Community Trust, junho de 2010).

Parece que o envolvimento do chefe nos fundos fiduciários pode ter minado o conceito do CPA como uma associação de propriedade independente, baseada na comunidade, que detém e gere as explorações agrícolas beneficiadas. No caso de Ngome, o chefe assumiu uma proporção substancial de poder sobre a reserva de caça da comunidade e foi fundamental para o desmantelamento do primeiro fundo fiduciário de terras devido a alegações de corrupção e roubo de fundos comunitários. O chefe também contribuiu para a criação de um novo fundo em 2003 e para a expulsão dos trabalhadores da reserva de caça. O chefe parece ter feito tudo isto actuando na sua qualidade de fundador do fundo comunitário. Mas ele nunca foi um membro formal do trust, o que complica o seu papel de fundador. Por conseguinte, podemos concluir que o chefe pode ter abusado de algum do seu poder para aquilo que considerava justo ou necessário para a comunidade Zondi. Infelizmente, alguns membros da comunidade Zondi, em particular aqueles que foram retirados à força da Reserva de Caça Comunitária de Ngome em 2003, culpam o chefe e o fundo comunitário pela sua expulsão.

A reforma agrária deve beneficiar toda a comunidade e não apenas a elite (rural) (Fraser, 2007). O investigador tentou aceder às percepções dos beneficiários da terra em relação aos seus respectivos chefes com base na sua interação diária com eles no contexto das explorações de caça comunitárias. Nenhuma das comunidades estudadas está realmente satisfeita com os resultados da reforma agrária e muitos beneficiários da terra em ambas as comunidades continuam insatisfeitos com a cinegética comunitária como uma opção viável de uso da terra. No caso de AbeKunene, há um grupo de pessoas que se sentem descontentes pelo facto de a sua reivindicação de terra ter sido resolvida como terra alternativa (compensatória) e preferem a sua terra original, a quinta Boschhoek, que ainda está ocupada pela SANDF (ver Placa 5.3). Contactaram a AFRA para obter assistência, mas esta não foi suficiente para inverter o processo de reforma agrária. Em Ngome, os beneficiários da terra contestam a ideia de cinegética comunitária e preferem o cultivo de culturas, a criação de gado e o assentamento humano como usos viáveis da terra. Parece que, em ambos os casos, a relação estreita entre os Amakhosi e os Community Trusts excluiu outros resultados possíveis em termos de terras "restituídas".

Uma conclusão radical é que a reforma agrária impôs, até certo ponto, a cinegética comunitária aos beneficiários da terra, em nome da continuidade com o uso da terra existente para a produção de fauna bravia e a fim de manter (supostamente) empresas economicamente viáveis na terra. É claro que estas tendências também se notam noutras áreas da reforma agrária, particularmente nos casos de restituição de terras de alto valor (Lahiff, 2009; Derman, Lahiff e Sjaastad, 2010). No processo aqui descrito, os chefes desempenharam um papel de vanguarda na recuperação da terra - por exemplo, através de reivindicações de terra - e depois na defesa da continuação da produção de fauna bravia como um uso viável da terra pelos seus súbditos, agora reconstituídos como beneficiários da terra.

Esta tese levanta, portanto, questões sérias e inevitáveis sobre a democracia no campo. É nesse sentido que esta tese recomenda mais investigação sobre a liderança tradicional e o papel desta instituição na conservação da natureza e na reforma agrária no país - particularmente em KwaZulu-Natal, uma vez que mais terras comunais estão atualmente a ser convertidas em terras de conservação da natureza ou utilizadas para várias formas de produção de vida selvagem. A ligação entre a conservação da natureza e os chefes tem uma história mais longa que deve ser explorada, por exemplo, o papel de Nkosi Mangosuthu Buthelezi como defensor da conservação da natureza durante o período da pátria KwaZulu.

Continua a ser um facto que os beneficiários da terra, tanto nas comunidades de AbeKunene como nas de Zondi, não podem fazer muito para inverter o processo de reforma agrária. Tudo o que esperam são benefícios tangíveis da cinegética comunitária, mas de momento não estão a conseguir muito. A caça comunitária - que se tornou inseparável dos discursos de CBC e CBNRM na África do Sul - pode tornar-se antidemocrática, especialmente nos casos em que é imposta aos beneficiários da terra contra o seu consentimento. Os líderes tradicionais têm desempenhado um papel fundamental, como mostra esta tese. Mas, em ambas as comunidades em estudo, os líderes tradicionais não agiram sozinhos, pois mantiveram papéis implícitos e explícitos nos Community Trusts ou CPAs apoiados pelo DLA e EKZNW e, eventualmente, pelo KZNHCA, que defendem a cinegética comunitária para manter a continuidade da produção (de fauna bravia) e (esperam) um empreendimento económico sustentável. Isto leva ao resumo das conclusões do estudo em relação ao Objetivo 3.

8.2.3 Objetivo 3

Qual é a natureza das "parcerias com as partes interessadas" em que os fundos comunitários estão envolvidos e qual é a sua influência nas práticas de gestão das explorações de caça?

A questão da insuficiência do apoio pós-instalação pelo Estado nos projectos de reforma agrária criou uma lacuna para os investidores privados formarem parcerias de gestão agrícola com as comunidades beneficiárias das terras. Em muitos casos, os beneficiários de terras de alto valor celebraram acordos de gestão agrícola com o sector privado para garantir a continuidade da produção (Hall, 2009; Lahiff, 2009). É o caso das duas explorações comunitárias de caça em estudo, que estabeleceram uma parceria com a Associação de Caça e Conservação da KZN (KZNHCA). No entanto, o Estado não se distanciou totalmente destas parcerias e está representado pela autoridade provincial de conservação da natureza, Ezemvelo KZN Wildlife; pelo Departamento de Desenvolvimento Rural e Reforma Agrária, o antigo DLA, e, em certa medida, pelo Departamento de Desenvolvimento Económico e Turismo.

Uma constatação importante que emana destas "parcerias entre partes interessadas" é a dependência dos fundos fiduciários comunitários em relação aos parceiros acima referidos, o que levanta a seguinte questão: Durante quanto tempo continuarão as explorações/reservas de caça comunitárias a depender do Departamento de Desenvolvimento Rural e Reforma Agrária e de outros subsídios (estatais) ou de parcerias com o sector privado para se sustentarem? A transferência de conhecimentos especializados não está a acontecer e a associação de caçadores está agora a ser explícita sobre isto no seu pensamento e documentação. Estão em curso tentativas para inverter a situação, algumas das quais resultaram na formação do Nemvelo Trust, que poderá em breve assumir as responsabilidades de gestão das explorações/reservas de caça comunitárias em estudo, bem como de outras em KwaZulu-Natal.

É também de salientar que existem contestações entre os diferentes parceiros. Por exemplo, o Departamento de Desenvolvimento Económico e Turismo patrocinou um alojamento comunitário em relação ao qual a KZNHCA está cética. Outro exemplo é a catástrofe do incêndio de 2010 na exploração cinegética de Nqabayamaswazi (ver Anexo 2), em que a KZNHCA tomou a iniciativa de fornecer fardos como alimento adicional para os animais enquanto esperavam por donativos da EKZNW que não chegaram à exploração cinegética comunitária. A KZNHCA tem um papel central nas práticas de gestão das explorações de caça em comparação com o Estado.

Existem também contestações entre a KZNHCA e os fundos comunitários. Por exemplo, a KZNHCA opôs-se à construção de um centro de conferências na Nqabayamaswazi Game Farm por motivos de conservação da natureza, mas não o fez na Ngome Community Game Reserve (ver Placas 7.1 e 7.2). Outra questão foi a da integração do gado em Nqabayamaswazi, em relação à qual a KZNHCA é cética e considera que foi um desperdício de fundos comunitários que poderiam ter sido utilizados após a catástrofe dos incêndios.

O facto de o progresso estar parado na Reserva de Caça Comunitária de Ngome devido à disputa sobre a sucessão é preocupante porque indica que a maioria dos parceiros do Estado e do sector privado considera o chefe como a principal pessoa com quem negociar.

8.3 A questão do fracasso ou do sucesso da reforma agrária e da "conservação da natureza

A história da reserva de caça de Khobotho desmantelada, também entregue a beneficiários reclamantes de terras - neste caso, arrendatários de mão de obra - é provocadora ao considerar esta questão (ver Anexo 1). As explorações ou reservas de caça privadas (incluindo as transformadas ou metamorfoseadas em explorações de caça comunitárias) foram reconhecidas pelo seu papel "vital" na conservação da biodiversidade (Hofmeyr, 2002; Cousins, Sadler e Evans, 2008). Assim, uma narrativa falhada da cinegética comunitária constituiria uma vertente do debate e da reivindicação geral por parte dos conservacionistas da natureza: que as reivindicações de terras "representam uma ameaça" para a conservação da natureza (Kepe, 2008; 2010).

A experiência do Khobotho apresenta um caso em que uma reivindicação de terra de um rendeiro levou ao fim de uma reserva de caça privada, levando-nos de volta ao debate sobre o "sucesso" da reforma agrária discutido no Capítulo Dois. Os beneficiários da terra vêem a experiência do Khobotho como uma história de "sucesso", enquanto os defensores da caça, os caçadores desportivos e os conservacionistas da natureza continuam desapontados. No entanto, se partirmos do princípio de que um dos princípios da democracia é a regra da maioria, então a experiência do Khobotho é, de facto, uma história de "sucesso", na medida em que a maioria dos beneficiários da terra tem essa opinião, não obstante a influência dos vários departamentos governamentais envolvidos.

Talvez valha a pena reiterar aqui o 'aviso' de Hackel. Hackel (1999) afirma que a democracia em relação à conservação baseada na comunidade pode ser uma faca de dois gumes. Ele afirma que, independentemente das promessas democráticas para o desenvolvimento rural, que teoricamente poderiam favorecer a CBC, também é bem possível que uma maior democracia rural promova a perda de terras para a vida selvagem, uma vez que as pessoas das zonas rurais ganham uma maior influência nas decisões sobre o uso da terra (Hackel, 1999). Os conservacionistas não devem assumir que o aumento da democracia, com a presumível descentralização que lhe está associada, será benéfico para os esforços de conservação" (Hackel, 1999:729).

Homewood (2005) salienta que outras formas de utilização da terra que não a conservação da natureza podem trazer maiores benefícios imediatos às comunidades, em particular às afectadas negativamente pelas políticas de conservação da natureza. À luz do legado amargo da conservação da natureza, é muito improvável que as vítimas de remoções forçadas para a conservação da natureza optem pelo CBC como uma opção de uso da terra, a menos que lhes seja imposto - como é frequentemente o caso em projectos CBC ou CBNRM desencadeados pela reforma agrária na África do Sul (Ramutsindela, 2002; AFRA, 2004a; Manjengwa, 2006; Kepe, 2008; 2010; Ngubane, 2011). Homewood (2005) sugere que a CBC pode não ser apropriada porque a principal fonte de subsistência da população rural é a pastorícia e a agricultura. Este ponto é talvez ainda mais válido neste caso, dada a pequena dimensão destas explorações de caça beneficiadas.

8.4 Reflexões sobre o descontentamento rural

Uma questão preocupante levantada por esta investigação é a seguinte: quais são as consequências a longo prazo da insatisfação com a atividade cinegética? Durante quanto tempo é que os beneficiários das terras vão ficar a olhar para as suas "próprias" reservas de caça comunitárias sem colherem qualquer tipo de benefício óbvio? Atualmente, as reservas beneficiam apenas algumas pessoas que aí trabalham com salários baixos. As entrevistas com os beneficiários das terras revelaram as suas frustrações e mesmo a sua ira, sugerindo que, se a situação se deteriorar, o próximo passo pode ser a invasão das explorações cinegéticas comunitárias pelos próprios beneficiários das terras, que já estão impacientes com a falta de benefícios tangíveis da cinegética comunitária.

Essas condições conturbadas no terreno levam o pesquisador a concluir que talvez num futuro próximo possa haver vários focos de agitação no campo, particularmente dentro das comunidades beneficiárias da terra. Outras pesquisas mostraram que as invasões de terra muitas vezes surgem na interface de frustrações, colaboração e mobilização entre os oprimidos. Um pouco despercebidas, as invasões de terra e os distúrbios em terras de conservação da natureza têm vindo a ocorrer no país, por exemplo, na floresta de Dukuduku (Sundnes, 2011) e, mais recentemente, mais a norte, na Reserva de Caça de Ndumo (Meer, 2010) e em Mapungubwe (Maano Ramutsindela, comunicação pessoal, 22 de agosto de 2011).

É importante notar que os habitantes das quintas e as comunidades rurais se tornaram mais organizadas do que no passado, como refere Andrews:

> Nos últimos dez anos, assistiu-se a um crescimento e a uma reorganização dos diferentes sectores que constituem as camadas sociais no campo. Nos últimos cinco anos, foram criadas centenas de organizações populares, tais como grupos de agricultores, associações de artesãos, clubes de poupança rural, fóruns de desenvolvimento comunitário, associações de pescadores rurais, sindicatos de trabalhadores agrícolas e associações de arrendatários de mão de obra. Existe uma perceção crescente entre as organizações populares locais, os movimentos sociais, as ONG, os activistas da terra e os académicos da necessidade de criar uma maior colaboração e ação conjunta entre estes grupos" (Andrews, 2007:216).

Como observa Andrews, 'Há uma necessidade de construir organizações fortes e independentes que sejam capazes de manter e envolver o governo nos compromissos que assumiu' (Andrews, 2007:218). A questão é: quem é mais capaz de desempenhar este papel? Serão as ONG, os movimentos sociais e os grupos da sociedade civil, o sector privado ou os investigadores? Que papel têm as universidades e os "grupos de reflexão" para além das publicações de investigação? Que tipo de sinergias podem ser forjadas para criar benefícios tangíveis, particularmente para os beneficiários da terra no contexto da agricultura (de caça) comunitária? Estas são as questões levantadas por esta tese e requerem mais investigação. Entretanto, são feitas aqui algumas recomendações modestas.

8.5 Recomendações

1. É importante que todos os envolvidos nas explorações cinegéticas comunitárias compreendam que as dinâmicas de poder surgem efetivamente no âmbito das parcerias e devem ser sempre tidas seriamente em consideração. Se necessário, devem ser introduzidas medidas de mitigação, tais como estudos contínuos de atitude entre todos os intervenientes, que podem dar origem a soluções práticas.

2. É necessária uma maior sensibilidade por parte da multiplicidade de intervenientes, pessoas de fora e partes interessadas com diferentes agendas que se encontram no meio da cinegética comunitária ou da CBC/CBNRM. Por exemplo, a KZNHCA, o principal parceiro de 'caça e conservação' para as duas comunidades em estudo, precisa de dedicar mais tempo para compreender a dinâmica da comunidade e ultrapassar a sua abordagem fixa na transferência de 'competências especializadas de gestão da fauna bravia' para os beneficiários das terras. Os funcionários da KZNHCA nem sequer estavam conscientes da distinção entre as reservas comunitárias de caça resultantes da beneficiação da terra (como é o caso das duas explorações aqui estudadas) e as reservas comunitárias de caça desenvolvidas dentro das áreas de terra comunal sob jurisdição tribal direta. Todas as terras de gestão da fauna bravia que não estão sob o controlo de proprietários privados (brancos) individuais são agrupadas como 'quintas de caça comunitárias' com a exceção das reservas estatais. Esta questão pode ser abordada através da educação para compreender a conservação da natureza numa perspetiva de reforma agrária e fundiária.

3. É também necessária uma maior sensibilidade para lidar com as dinâmicas de poder intracomunitárias, incluindo as que emanam da relação entre a liderança tradicional, os fundos fiduciários comunitários ou CPA e os beneficiários da terra.

4. Tendo em conta os problemas acima referidos, recomenda-se aos defensores da cinegética comunitária que melhorem a viabilidade da cinegética *comunitária*; por exemplo, os programas de formação que a KZNHCA já começou a implementar. Isto poderia, num futuro próximo, proporcionar patrocínios a jovens das comunidades beneficiárias das terras com bolsas de estudo para o ensino superior, para estudarem em várias disciplinas e não apenas na área da conservação da natureza. Recomenda-se igualmente que os jovens das comunidades beneficiárias das terras se informem sobre o que se passa nas suas explorações de caça comunitárias, a fim de desempenharem um papel sustentável em seu próprio benefício.

5. Esta tese também recomenda que o Departamento de Desenvolvimento Rural e Reforma Agrária (antigo DLA) e a Ezemvelo KZN Wildlife tenham um papel muito mais ativo, de modo a que a cinegética comunitária seja contemplada nas dotações orçamentais das instituições governamentais acima referidas. Parece que, atualmente, o Estado não está a assumir a responsabilidade pelas explorações cinegéticas comunitárias.

6. É necessário desenvolver uma política global para as explorações cinegéticas comunitárias e efetuar um estudo completo da viabilidade de cada exploração cinegética individual. É possível que algumas das explorações cinegéticas comunitárias possam ser melhor utilizadas de outras formas mais benéficas para os beneficiários das terras. A integração de certos animais (gado Nguni, ovelhas Nguni ou cabras) com a caça poderia ser uma das soluções viáveis.

Referências

African Conservation Foundation (2004) First SA land claim set aside for conservation [on-line] http://africanconservation.org/forum/news-archives-around-africa/3748-first-sa-land-claim-set-aside-for-conservation Acedido em 25 de maio de 2012.

Agrawal, A e Gibson, C.C. (2004) Enchantment and Disenchantment: The Role of Community in Natural Resource Conservation in Jones, S and Carswell, G (eds) *Environment, Development & Rural Livelihoods*, Earthscan, UK.

Agrawal, A e Redford, K. (2009) Conservation and Displacement: An Overview, *Conservation and Society*, 7(1):1-10.

Andrews, M.(2007) Struggling for a life in dignity in R Hall and L Ntsebeza (eds) *The Land Question in South Africa: The Challenge of Transformation and Redistribution*, HSRC Press, Cidade do Cabo.

Angrosino, M. (2007) Doing Ethnographical and Observational Research in U Flick (ed) *The Sage Qualitative Research Kit*, Sage Publications, London.

Ashley, C. e Jones, B. (2001) Joint Ventures between Communities and Tourism Investors: Experience in Southern Africa, *International Journal of Tourism Research*, 3:407-423.

Associação para o Progresso Rural (1981) Kwapitela: Removido, Relatório No.14, novembro de 1981, Relatório de Investigação Não Publicado.

Association for Rural Advancement (1982) 'BLACK SPOTS', Report No. 15, April 1982, Unpublished Research Report.

Association for Rural Advancement (1982) 'BLACK SPOTS' II, Report No.16, April 1982, Unpublished Research Report.

Association for Rural Advancement (2004a) Communities, Conservation, Eco-tourism and Tenure Security Workshop Report [em linha] http://www.afra.co.za/upload/files/AP19.pdf Acesso em 12 de novembro de 2010.

Association for Rural Advancement (2004b) The Investigation of the Effects of Conservation and Tourism on Land Tenure and Ownership Patterns in KwaZulu-Natal, Relatório de Investigação Não Publicado.

Association for Rural Advancement (2006) Redress, Social Justice and Reconciliation, Practical Experiences from AFRA's work with Specific Restitution Claims in KwaZulu-Natal, Conferência sobre o Programa de Restituição, agosto de 2006 [em linha] http://www.afra.co.za/upload/files/RestitutionConfPaperAug06.pdf Acesso em 10 de novembro de 2010.

Association for Rural Advancement (2010) AFRA's Statement on the Constitutional Judgement of CLARA [em linha] http://www.afra.co.za/default.asp?id=1125 Acesso em 10 de novembro de 2010.

Baber, R.A.A. (1991) A Property Rights Approach to the land question in South Africa, tese de mestrado não publicada, Universidade do Natal.

Baldwin, A. (1975) Mass removals and separate development, *Journal of Southern African Studies*, 1(2):215-227.

Beall, J; Mkhize, S e Vawda, S. (2005) Emergent Democracy and Resurgent Tradition: Institutions, Chieftaincy and Transition in KwaZulu-Natal, *Journal of Southern African Studies*, 31(4):755-771.

Beall, J e Ngonyama, M. (2009) Indigenous Institutions, Traditional Leaders and Elite Coalitions for Development: the case of Greater Durban, South Africa, Crisis States Working Paper Series 2 No. 55 [em linha] http://eprints.lse.ac.uk/28487/1/WP55.2.pdf Acesso em 11 de novembro de 2010.

Bekker, J.C. (2003) The official status of customary law-ten years later, *Anthropology Southern Africa*, 26 (3&4): 124-130.

Beinart, W. (1984) Book Review: The Surplus People Project Report, Forced Removals in South Africa, *Journal of Southern African Studies*, 10 (2):283-290.

Benson, D. (1991) Values and Management of Wildlife and Recreation on Private Land in South Africa, *Wild.Soc.Bull*, 19:497-510.

Bernstein, H. (2007) Agrarian questions of capital and labour: some theory about land reform (and a perioidisation) in R Hall and L Ntsebeza (eds) *The Land Question in South Africa: The Challenge of Transformation and Redistribution*, HSRC Press, Cidade do Cabo.

Bosman, F. (2007) *Land reform: a contextual analysis,* A Study on Land Reform for the FW de Klerk Foundation, [em linha] http://www.fwdeklerk.org/cause_data/images/2137/Publication_Land_reform_publication.pdf Acedido em 10 de setembro de 2011.

Bothma, J. (2002*) Some economics of wildlife ranching*, Actas de um Simpósio sobre Planeamento e Gestão de Ranchos de Caça, Onderstepoort, 1-2 de novembro de 2002, Grupo de Vida Selvagem da Associação Veterinária da África do Sul, Onderstepoort.

Bothma, J.P; Suich, H com Spenceley, A. (2009) Extensive Wildlife Production on Private Land in South Africa in H. Suich and Brian Child with Anna Spenceley (eds*) Evolution and Innovation in Wildlife Conservation: Parks and Game Ranches to Transfrontier Conservation Areas*, Earthscan, Londres.

Boudreax, K. (2010) Land Reform as Social Justice: The Case of South Africa, *Economic Affairs,* 30 (1):13-20.

Brinkerhoff, J.M. (2002) Government-Nonprofit Partnership: A Defining Framework, *Public Administration and Development*, 22:19-30.

Brockington, D. (2005) The Contigency of Community Conservation in K. Homewood (ed) *Rural Resources and Local Livelihoods in Africa*, Palgrave Macmillan, UK.

Brooks, S. (1996) An Historical Overview of the KwaZulu-Natal Pilot Land Reform District, 1800-1996, Status Quo Report, KwaZulu-Natal Pilot Land Reform Programme, Department of Land Affairs.

Brooks, S., Brandt, F., Lukhozi, K., Ntsebeza, L., Snijders, D., Spierenburg M. e Wels, H. (2008) Exploring New Social Geographies of Private Wildlife Production: Farm Owners and Farm Dwellers in KwaZulu-Natal and the Eastern Cape, Documento de posição para o Simpósio Conservation and Capitalism, Universidade de Manchester, Manchester, Reino Unido, 9-10 de setembro de 2008.

Brooks, S; Spierenburg, M; van Brakel, L; Kolk, A e Lukhozi, K.B. (2011) Creating a commodified wilderness: Tourism, private game farming, and 'third nature' landscapes in KwaZulu-Natal. *Tijdschrift voor Ekonomische en Sociale Geografie*, 102 (3): 260-274.

Brown, H. (2002) Innovations for Conservation and Development, *The Geographical Journal*, 168(1):6-17.

Brown, M; Eramsus, J; Kingwill, R; Murray, C e Roodt, M. (1998) *Land Restitution in South Africa: A Long Way Home*, Idasa, Cidade do Cabo.

Cock, J e Fig, D. (2002) From Colonial to Community Based Conservation: Environmental Justice and the Transformation of National Parks (1994-1998) in David A. McDonald (eds) *Environmental Justice in South Africa*, University of Cape Town Press, Cape Town.

Carruthers, J. (2007) "South Africa: A World in One Country': Land Restitution in National Parks and Protected Areas, *Conservation and Society*, 5 (3): 292-306.

Carruthers, J. (2008) "Wilding the farm or farming the wild"? The evolution of scientific game ranching in South Africa from the 1960s to the present, *Transactions of the Royal Society of South Africa*, 63(2):160 -181.

Chavunduka, C. (2007) Devolution and the Role of Traditional Leaders in African Land Rights Control: Lessons from South Africa's Experience 1994-2006, tese de doutoramento não publicada, Universidade de Wisconsin-Madison.

Child, B. (2000) Making wildlife pay: converting wildlife's comparative advantage into real incentives for having wildlife in African savannas, case studies from Zimbabwe and Zambia in H.H.T Prins, J.G Grootenhuis, T.T. Dolan (eds) *Wildlife conservation by sustainable use*, Kluwer Academic Publishers.

Child, B. (2009) Private Conservation in Southern Africa: Practice and Emerging Principles in H. Suich and Brian Child with Anna Spenceley (eds) *Evolution and Innovation in Wildlife Conservation: Parks and Game Ranches to Transfrontier Conservation Areas*, Earthscan, Londres.

Claasens, A e Cousins, B. (2008) *Land, Power & Custom: Controversies generated by South Africa's Communal Land Rights Act*, UCT Press, Cidade do Cabo.

Cliffe, L. (2000) Land Reform in South Africa, *Review of African Political Economy*, 27(84):273-286.

Cliffe, L. (2004) From 'African Renaissance' to Re-empowering Chiefs, *Review of African Political Economy,* 31 (100):354-356.

Cloete, P.C; Taljaard, P.R e Grovë, B. (2007) Um estudo de caso económico comparativo da mudança da criação de gado para a caça na Província do Cabo Setentrional, *South*

African Journal of Wildlife Research, 37(1): 71-78.

Cousins, J.A; Sadler, J.P e Evans, J. (2008) Exploring the Role of Private Wildlife Ranching as a Conservation Tool in South Africa: Stakeholder Perspectives, *Ecology and Society,* 13(2): 43-60.

Decker, J e Chase, L.C. (1997) Human dimensions of living with wildlife - a management challenge for the 21st century, *Wildlife Society Bulletin*, 25(4):788-795.

DeLeyser, D; Herbert, S; Aitken, S.C; Crang, M e McDowell, L. (2010) Introduction: Engaging Qualitative Geography in DeLeyser, D; Herbert, S; Aitken, S.C; Crang, M and McDowell, L (eds) *The SAGE Handbook of Qualitative Geography*, SAGE, London.

De Menore, E. (2005) Protected Areas and Decentralisation in the Democratic Republic of Congo: A Case for Devolving Responsibility to Local Institutions in K. Homewood (eds) *Rural Resources and Local Livelihoods in Africa*, Palgrave Macmillan, James Curry, Oxford.

Denzin, N.K e Lincoln, Y.S (2000) Focus Groups in Feminist Research, in Denzin, N.K e Lincoln, Y.S (eds) *Handbook of Qualitative Research*, 2nd Edition, Sage Publications.

Derman, B; Lahiff, E e Sjaastad, E. (2010) Strategic Questions about Strategic Partners: Challenges and Pitfalls in South Africa's New Model of Land Restitution in Walker, C; Bohlin, A; Hall, R and Thembela Kepe (eds) *Land, Memory, Reconstruction and Justice: Perspectives on Land Claims in South Africa*, Ohio University Press, Athens.

de Wet, C. (1984) Resettlement and land reform in South Africa, *Review of African Political Economy*, 21(61):359-373.

Dzingarai, V. (2003) The New Scramble for the African Countryside, *Development and Change*, 34 (2):243-263.

Everingham, M e Jannecke, C. (2006) Land Restitution and Democratic Citizenship in South Africa, *Journal of Southern African Studies*, 32(3):543-562.

Evers, S; Spierenburg, M e Wels, H. (2005) *Competing jurisdictions: settling land claims in Africa*, Brill Academic Publishers, Países Baixos.

Fabricius, C. (2004) The fundamentals of community-based natural resource management in Fabricius, C and Kock, E with Magome, H (eds) *Rights, Resources and Rural Development, Community-Based Natural Resource Management in Southern Africa*, Earthscan, UK.

Fabricius, C e Collins, S. (2007) Community-based natural resource management: governing the commons, *Water Policy 9 Supplement,* 2:83-97.

Fabricius, C; Koch, E e Magome, H. (2001) Towards strengthening collaborative ecosystem management: lessons from environmental conflict and political change in southern Africa, *Journal of The Royal Society of New Zealand*, 31(4): 831-844.

Few, R. (2001) Containment and counter-containment: planner/community relations in conservation planning, *The Geographical Journal*, 167(2):111-124.

Fontana, A e Frey, J.H (2000) The Interview: From Structured Questions to Negotiated Text in Denzin, K and Lincoln, Y.S (eds) *Handbook of Qualitative Research*, 2nd Edition, Sage Publications.

Francis, E. (2000) *Making a Living: Changing Livelihoods in rural Africa*, Routledge, Londres e Nova Iorque.

Fraser, A. (2006) Geographies of Land Restitution in Northern Limpopo: Place, Territory, and Class, *Tijdschrift voor Economische en Sociale Geographie*, 99(1):24-36.

Freund, B. (1984) Forced Resettlement and the Political Economy of South Africa, *Review of African Political Economy*, 29:49-63.

Ghimire, K. (2001) *Land Reform at the End of the Twentieth Century: An Overview of Issues, Actors and Processes in Land Reform and Peasant Livelihoods: The social dynamics of rural poverty and agrarian reform in developing countries*, Intermediate Technology Development Group Publishing, Londres.

Gibbs, G.R (2007) Analyzing Qualitative Data in Flick, U (eds) *The Sage Publication Research Kit*, Sage Publications, Ltd, London.
Govender, J. (2010) A Comparative Study Of Land Cover/Use Changes Between Mkhuze, And Three Neighbouring Private Game Reserves, Unpublished M.Sc. thesis, University of KwaZulu-Natal.

Greenberg, S. (2010) Status report on land and agricultural policy in South Africa, 2010, PLAAS, África do Sul.

Greytown Gazette (2009) Bhambatha Lodge Launched, 3 de junho de 2009, Greytown.

Guy, J. (2005) *The Maphumulo Uprising: War, Law and Ritual in the Zulu Rebellion*, University of KwaZulu-Natal Press, Durban.

Hackel, J.D. (1999) Contractual National Parks and the Makuleke Community, *Human Ecology*, 29(2): 135-155.

Hall, R. (2007) Transforming Rural South Africa? Taking stock of land reform in R Hall and L Ntsebeza (eds) *The Land Question in South Africa: The Challenge of Transformation and Redistribution*, HSRC Press, Cidade do Cabo.

Hall, R. (2009) *Another Countryside? Policy Options for Land and Agrarian Reform in South Africa* (eds), Institute for Poverty, Land and Agrarian Studies, School of Government, University

do Cabo Ocidental.

Hall, R; Kleinbooi, K e Mvambo, N. (2001) *What land reform has meant and could mean for farm workers in South Africa*, documento apresentado na conferência da SARPN sobre Land Reform and Poverty Alleviation in South Africa, Pretória [em linha] http://www.sarpn.org/EventPapers/Land/20010605Hall.pdf Acesso em 10 de novembro de 2010.

Hall, R e Ntsebeza, L. (2007) Introdução em R Hall e L Ntsebeza (eds) *The Land Question in South Africa: The Challenge of Transformation and Redistribution*, HSRC Press,

Cidade do Cabo.

Hallet, R. (1984) Desolation in the Veld: Forced Removals in South Africa, *African Affairs*, 83(332):301-320.

Hart, G. (2002) *Disabling Globalisation: Places of Power in Post-Apartheid South Africa*, University of Natal Press, Pietermaritzburg.

Hart, G e Hunter, M. (2004) Edição Especial: Writing in Transition in South Africa: Fiction, History, Biography, *Journal of Southern African Studies*, 30 (4): 915-917.

Hebinck, P; Fay, D e Kondlo, K. (2011) Land and Agrarian Reform in South Africa's Eastern Cape Province: Caught by Continuities, *Journal of Agrarian Change*, 11 (2): 220-240.

Herbert, S. (2010) A Taut Rubber Band: Theory and Empirics in Qualitative Geographic Research in DeLeyser, D; Herbert, S; Aitken, S.C; Crang, M and McDowell, L (eds) *The SAGE Handbook of Qualitative Geography*, SAGE, London

Hesse-Biber, S e Leavy, P (2006) *The Practice of Qualitative Research*, Sage Publications, EUA.

Hofmeyr, M. (2002) *South African National Parks as providers of game animals,* Proceedings of a Symposium on Game Ranching Planning and Management, Onderstepoort, 1-2 November 2002, Wildlife Group of the South African Veterinary Association, Onderstepoort.

Homewood, K. (2005) Rural Resources Use & Local Livelihoods in Sub-Saharan Africa in K. Homewood (ed) *Rural Resources & Local Livelihoods in Africa*, Palgrave Macmillan, James Curry, Oxford, UK.

Hulme, D. e Murphree, M. (2001) *Community Conservation in Africa, An Introduction in African Wildlife & Livelihoods; The Promise & Performance of community conservation*, James Curry Ltd, Londres.

Ilanga (1968) *Sithuthiwe isizwe sikaKunene*, 24 de agosto de 1968, Durban.

Isaacs, M e Mohamed, N. (2000) *Co-Managing the Commons in the 'New' South Africa: Room for Manoeuvre?* Comunicação apresentada na 8ª Conferência Bienal da Associação Internacional para o Estudo da Propriedade Comum, intitulada "*Constituting the Commons*", 31 de maio a 4 de junho de 2000 [em linha].

http://www.oceandocs.org/bitstream/1834/761/1/Isaacs23.pdf Acedido em 10 de novembro de 2010.

Johnson, I. (2009) A study into the influence of benefits derived from resource use on the Tubu Community (Botswana), tese de mestrado não publicada em Gestão Ambiental, Universidade do Estado Livre.

Jones, S e Carswell, G. (2004) Property, Institutions and Community-Based Management in Jones, S e Carswell (eds) *Environment, Development and Rural Livelihoods*, Earthscan, Londres.

Kane-Berman, J. (1981) Population removal, displacement and disinvestment in South Africa, *Social Dynamics*, 7(2):28-46.

Kepe, T. (2008) Land Claims and Comanagement of Protected Areas in South Africa: Exploring the Challenges, *Environmental Management*, 41:311-32.

Kepe, T. (2010) Land Claims and Comanagement of Protected Areas in South Africa: Exploring the Challenges in Walker, C; Bohlin, A; Hall, R and Thembela Kepe (eds) *Land, Memory, Reconstruction and Justice: Perspectives on Land Claims in South Africa*, Ohio University Press, Athens.

Kepe, T; Wynberg, R e Ellis, W. (2003) *Land reform and biodiversity conservation in South Africa: Complementary or in conflict? An occasional paper series No.25*, Programme for Land and Agrarian Studies, School of Governance, University of the Western Cape.

King, B.H. (2007) Conservation and community in the new South Africa: A case study of the Mahushe Shongwe Nature Reserve, *Geoforum*, 38 (1):207-119.

King, B.H. (2008) Spaces of change: Tribal Authorities in the former KaNgwane homeland, South Africa, Breslaver Symposium on Natural Resource Issues in Africa, Center for African Studies, UC Berkeley, [em linha] http://www.escholarship.org/uc/item.05g9k2bn Acesso em 25 de agosto de 2010.

Kitchin, R e Tate, N.T. (2000) *Conducting Research into Human Geography, theory, methodology and practice,* Pearson Education Ltd.

Kleinbooi, K. (2010) South Africa in Kleinbooi, K, (eds) *Review of land reforms in Southern Africa 2010*, PLAAS, África do Sul.

Kobus, L. (2007) A comparison between the Game and Hunting Industries in KwaZulu-Natal and the Eastern Cape, Unpublished Masters in Agricultural Economics, Nelson Mandela Metropolitan University, janeiro de 2007 [em linha] http://www.nmmu.ac.za/documents/theses/l%20kobus%20thesis.pdf Acesso em 4 de maio de 2011.

Koeble, T (2005) *Democracy, Traditional Leadership and International Economy in South Africa, CSSR Working Paper No. 114* [em linha] http://uscdn.creamermedia.co.za/assets/articles/attachments/02103_democracy.pdf Acesso em 10 de setembro de 2010.

Krug, W. (2001) *Private Supply of Protected Land in Southern Africa: A Review of Markets, Approaches, Barriers and Issues Workshop* Paper *World Bank / OECD International Workshop on Market Creation for Biodiversity Products and Services Paris, 25 e 26 de janeiro de 2001* [em linha] http://earthmind.net/values/docs/private-protected-land-southern-africa.pdf Acedido em 4 de maio de 2011.

KZNHCA (2009). Associação de Caça e Conservação de KwaZulu-Natal. [em linha] http://www.kznhunters.co.za/site/awdep.asp?depnum=29367 Acedido em 1 de março de 2009.

Lahiff, E. (2008) "Coletivização capitalista? Como modelos inadequados de propriedade comum estão a dificultar a reforma agrária da África do Sul [em linha] http://iasc2008.glos.ac.uk/conference%20papers/papers/L/Lahiff_126501.pd Acedido em 15 de novembro de 2011.

Lahiff, E. (2009) With what land rights? Tenure arrangements and support in Hall, R. (ed) *Another Countryside? Policy Options for Land and Agrarian Reform in South Africa,* Institute for Poverty, Land and Agrarian Studies, School of Government, University of the Western Cape.

Lambert, J. (1999) African reasons for purchasing land in Natal in the late 19th, early 20th centuries, *African Historical Review*, 31(1):33-54.

Langholz, J.A e Lassoie, J.P. (2001) Perils and Promise of Privately Owned Protected Areas, *BioScience*, 51(12):1079-1085.

Leach, M; Mearns, R e Scoones, I. (1999) Environmental Entitlements: Dynamics and Institutions in Community-Based Natural Resource Management, *World Development*, 27(2):225-247.

Leyburn, J.G. (1944) Native Farm Labor in South Africa, *Social Forces*, 23 (2): 133140.

Libanda, B. (2007) The impact of community based natural resource management on communal livelihoods, tese de mestrado não publicada em Estudos de Desenvolvimento, Universidade do Estado Livre, África do Sul.

Linder, S.H. (1999) Coming to Terms with the Public Private Partnership: A Grammar of Multiple Meanings, *American Behavioural Scientist*, 45(1):35-51.

Lindsley, P. A; Roman S. S e Davies-Mostert, H. T. (2009) The importance of conservancies for enhancing the value of game ranch land for large mammal conservation in southern Africa, *Journal of Zoology* , 277: 99-105.

Madriz, E. (2000) Focus Groups in Feminist research in N. Denzin & Y. Lincoln (Eds), *Handbook of qualitative research*, 2nd Edition, Sage Publications.

Manjengwa, J. (2006) Natural resource management and land reform in southern Africa, Commons southern Africa occasional paper series No. 15. Centro de Ciências Sociais Aplicadas e Programa de Estudos Agrários e da Terra sobre a Pobreza, Escola de Governação, Universidade do Cabo Ocidental.

Mathis, S.M. (2007) The Politics of Land Reform: Tenure and Political Authority in Rural KwaZulu-Natal, *Journal of Agrarian Change*, 7(1):99-120.

Mbaiwa, J.E. (2004) The Success and Sustainability of Community-Based Natural Resource Management in the Okavango Delta, Botswana, *South African Geographical Journal*, 86(1):44-53.

McClendon, T.V. (1995) Genders and Generations Apart: Labour Tenants, Law and Domestic Struggle in Natal, South Africa, 1918-1944, tese de doutoramento não publicada, Universidade de Stanford.

McClendon, T. (2002) *Genders and Generations Apart: Labour Tenants and Customary Law in Segregation-Era South Africa, 1920s to 1940s* (Portsmouth, Oxford e Cidade do Cabo: Heinemann, James Currey e David Philip).

McDowell, L. (2010) Interviewing: Fear and Liking in the Field in DeLyser, D; Herbert, S; Aitken, S; Crang, M and McDowell, L (eds) *The SAGE Handbook of Qualitative Geography*, SAGE.

Meer, T. (2010) Finding The Community In Community-Based Natural Resource Management: The Case of Ndumo Game Reserve, South Africa, tese de mestrado não publicada, Dalhousie University Halifax.

Menon, A; Singh, P; Shah, E; Lele, S; Paranjape, S e Joy, K.J. (2007) Communitybased Natural Resource Management: Issues and Cases from South Asia, SAGE, Londres.

Meth, P. (2001) Rethinking the Dumping Grounds: Questioning Assumptions about Movement into the Relocation Settlement of Bilanyoni, *Area*, 33 (3): 228-241.

Moyo, S. (2007) The Land Question in Southern Africa: A Comparative Review, em R Hall e L Ntsebeza (eds) *The Land Question in South Africa: The Challenge of Transformation and Redistribution*, HSRC Press, Cidade do Cabo.

Muir-Leresche, K e Nelson, R. H. (2000) Private Property Rights to Wildlife: The Southern African Experiment. Harare: Universidade do Zimbabué, e Universidade de Maryland e ICER [em linha] http://www.publicpolicy.umd.edu/files.php/faculty/nelson/zimbabwe/Private_Property_Rights_to_Wildlife_The_Southern_African_Experiment.pdf Acedido em 4 de maio de 2011.

Ngubane, M. (2009) Game farming in the context of land beneficiaries: Uma opção viável de restituição de terras? Tese de licenciatura (com distinção) não publicada, Universidade do Estado Livre, África do Sul.

Ngubane, M. (2011) *Redressing the past by building new conservation histories: Community game reserves and land restitution in KZN*, Documento para a 23[ard] Biennnal Conference of the Southern African Historical Society na Universidade de KwaZulu-Natal, campus do Howard College, Durban, África do Sul, 27-29 de junho de 2011.

Ngubane, M e Brooks, S. (2011) Land beneficiaries as game farmers in the 'new' South Africa: Conservação como empoderamento, ou a extensão do poder do chefe? Documento para o Workshop "Mapping Political Ecologies", Stellenbosch, 17-18 de março de 2011.

Ntshona, Z; Kraai, M; Kepe, T e Salilwa, P. (2010) From land rights to environmental entitlements: Community discontent in the 'successful' Dwesa-Cwebe land claim in South Africa, *Development Southern Africa,* 27(3): 353-361.

Ntsebeza, L. (2002) *Decentralization and natural resource management in rural South Africa: Problems and Prospects*, Programme for Land and Agrarian Studies, University of the Western Cape, África do Sul.

Ntsebeza, L. (2005) *Democracy Compromised, chiefs and politics of land in South Africa*, HSRC Press, África do Sul.

Nyawo, V. Z. (2008) Land Reform: A Comparative Analysis of the Zimbabwean and South African Processes Since Democratisation, tese de doutoramento não publicada,

Universidade do Estado Livre, Bloemfontein.

Oomen, B. (2005) *Chiefs in South Africa: Law, Power and Culture in the PostApartheid Era*, University KwaZulu-Natal Press, África do Sul.

Palmer, A. R; Peel, M e Kerley, G. (2006) Arid and semiarid rangeland production systems of Southern Africa: Wildlife Anthony Riordan, *Secheresse* 17(1-2): 362-70.

Platsky, L e Walker, C. (1985) *The Surplus People, Forced Removals in South Africa*, Joanesburgo: Ravan Press.

Ramutsindela, M.F. (2001) *Unfrozen Ground: South Africa's Contested Spaces*, Ashgate Publishing Limited, Reino Unido.

Ramutsindela, M.F. (2002) A forma perfeita de pôr fim a um passado doloroso? Makuleke land deal in South Africa, *Geoforum,* 33:15-24.

Ramutsindela, M.F. (2003) Land reform in South Africa's national parks: a catalyst for the human-nature nexus, *Land Use Policy,* 20:41-49.

Ramutsindela, M. (2007a) The Geographical Imprint Of Land Restitution With Reference To Limpopo Province, South Africa, *Tijdschrift voor Economische en Sociale Geografie*, 98 (4): 455-467.

Ramutsindela, M. (2007b) Resilient Geographies: land, boundaries and consolidation of the former Bantustans in post-1994 South Africa, *The Geographical Journal*, 173(1):43-55.

Ramutsindela, M. (2010) Property rights, land tenure and the racial discourses, *GeoJournal*, [on-line] http://www.springerlink.com/content/32vg248l010rt304/fulltext.pdf Acedido em 5 de maio de 2011.

Reid, H. (2001) Contractual National Parks and the Makuleke Community, *Human Ecology*, 29(2):134-155.

Reid, H; Fig, D; Magome, H and Leader-Williams, N. (2004) Co-management of Contractual National Parks in South Africa: Lessons from Australia, *Conservation and Society*, 2 (2): 377-409.

Ribot, J.C; Chhatre, A e Lankina, T. (2008) Introduction: Institutional Choice and Recognition in the Formation and Consolidation of Local Democracy, *Conservation and Society,* 6 (1):1-11.

Robins, S e van der Waal, K. (2008) 'Model Tribes' and Iconic Conservationists? The Makuleke Restitution Case in Kruger National Park, *Development and Change*, 39(1): 53-72.

Robins, S e van der Waal, K. (2010) 'Model Tribes' and Iconic Conservationists? Tracking the Makuleke Restitution Case in Kruger National Park, em Walker, C; Bohlin, A; Hall, R e Thembela Kepe (eds) *Land, Memory, Reconstruction and Justice: Perspectives on Land Claims in South Africa*, Ohio University Press, Athens.

Roodt, M. (2003) Land Restitution in South Africa, documento não publicado para a conferência Eastern Cape historical legacies and new challenges, 27-30 de agosto, Fort Hare Institute of Social and Economic Research, Documento de Trabalho No.20.

Scott, J.C. (1986) Everyday forms of Peasant Resistance in James C. Scott and Benedict J Tria Kerkvliet (eds) *Everyday forms of Peasant Resistance in South-east Asia,* Frank Cass and Company Ltd, UK.

Sithole, P e Mbele, T. (2008) *Fifteen Year Review on Traditional Leadership: A Research Paper Submitted by Human Sciences Research Council Democracy and Governance* [on-line] http://www.hsrc.ac.za/research/output/outputDocuments/5136_Sithole_Fifteenyearreviewontraditional.pd Acedido em 10 de novembro de 2010.

Spierenburg, M.J. (2004) *Strangers, Spirits, and Land Reforms, Conflicts about Land in Dande, Northern Zimbabwe*, Brill, Países Baixos.

Spierenburg, M; Steenkamp, C e Wels, H. (2008) Enclosing the Local for the Global Commons: Community Land Rights in the Greater Limpopo Transfrontier Conservation Area, *Conservation and* Society, 6 (1):87-97.

Springer, J. (2009) Addressing the Social Impacts of Conservation: Lessons from Experience and Future Directions, *Conservation and Society,* 7(1) 26-29.

Stewart, D.W e Shamdasani, P.N. 1998 in Bickman L e Rog, D.J (eds): *Focus Group Research: Exploration and Discovery*, Handbook of Applied Social Research Methods, Sage Publications, Londres.

Sundnes, F. (2011) Scrubs and squatters: Explorando a história ambiental de uma floresta indígena: The Dukuduku Forest in KwaZulu-Natal, 1850s-1990s, Paper for the 23rd Biennial Conference - Southern African Historical Society, University of KwaZulu-Natal, 27-29 June 2011.

Surplus People Project (1983) *Forced Removals in South Africa*, Volume 4: Natal, *Surplus People's Project*, Cidade do Cabo.

Watson, A and Till, K.E. (2010) Ethnography and Participant Observation in DeLyser, D; Herbert, S; Aitken, S; Crang, M and McDowell, L (eds) *The SAGE Handbook of Qualitative Geography*, SAGE, London.

Walker, C. (2005) The limits to land reform: Rethinking 'the land question', *Journal of Southern African Studies,* 31:785-824.

Walker, C. (2008) *Landmarked: Land Claims and Land Restitution in South Africa*, Jacana, Joanesburgo.

Walker, C. (2007) Redistributive Land Reform: for what and for whom? in R Hall and L Ntsebeza (eds) *The Land Question in South Africa: The Challenge of Transformation and Redistribution*, HSRC Press, Cidade do Cabo.

Walker, C; Bohlin, A; Hall, R e Thembela Kepe (2010) Introduction, in Walker, C; Bohlin, A; Hall, R e Thembela Kepe (eds) *Land, Memory, Reconstruction and Justice:*

Perspectives on Land Claims in South Africa, Ohio University Press, Athens.

Walker, P.A. (1999) Democracy and environment: congruencies and contradictions in southern Africa, *Political Geography*, 18 (3):257-284.

Westaway, A e Minkley, G. (2003) *Rural Restitution: The Production of Historical Truth Outside the Academy*, The Eastern Cape historical legacies and new challenges conference: 27-30 August 2003, Fort Hare Institute of Social and Economic Research, Working Paper No.45.

Willams, M. (2009) Legislating 'Tradition' in South Africa, *Journal of Southern African Studies*, 35(1):191-209.

Zondi, O.T.N. (1998) The Potential of the Bhambatha Rebellion for Cultural Tourism Development, tese de mestrado não publicada, Universidade de Zululand [em linha] http://196.21.83.35/xmlui/bitstream/handle/10530/257/The%20Potential%20of%20the%20Bhambatha%20Rebellion%20-%20OTN%20Zondi.pdf?sequence=1 Acedido em 10 de fevereiro de 2011.

Apêndice 1

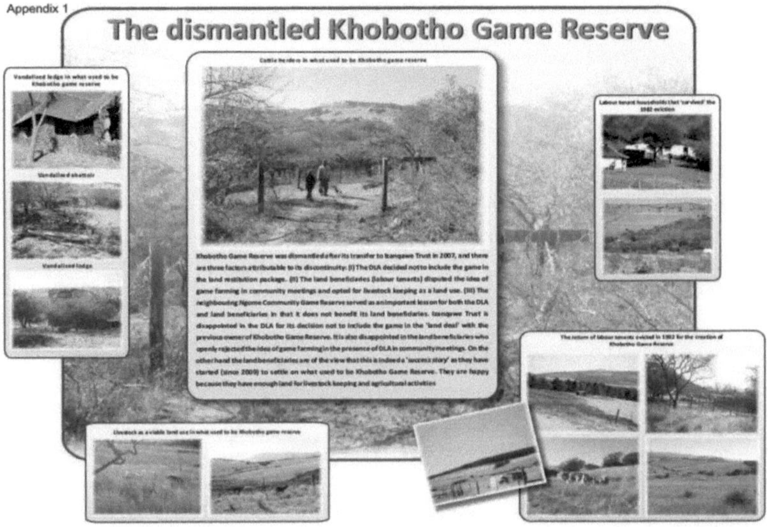
Appendix 1
The dismantled Khobotho Game Reserve
Khobotho Game Reserve was dismantled after its transfer to Izanqawe Trust in 2007, and there are three factors attributable to its discontinuity: (I) The DLA decided not to include the game in the land restitution package. (II) The land beneficiaries (labour tenants) disputed the idea of game farming in community meetings and opted for livestock keeping as a land use. (III) The neighbouring Ngome Community Game Reserve served as an important lesson for both the DLA and land beneficiaries in that it does not benefit its land beneficiaries. Izanqawe Trust is disappointed in the DLA for its decision not to include the game in the 'land deal' with the previous owner of Khobotho Game Reserve. It is also disappointed in the land beneficiaries who openly rejected the idea of game farming in the presence of DLA in community meetings. On the other hand the land beneficiaries are of the view that this is indeed a 'success story' as they have started (since 2009) to settle on what used to be Khobotho Game Reserve. They are happy because they have enough land for livestock keeping and agricultural activities

Apêndice 2

Northern KwaZulu-Natal

Courier

Distributed in Dundee, Glencoe, Wasbank, Dannhauser, Dursacel, Hattingspruit, Nqutu and Vryheid

111 NO.28 R3 INCL. VAT July 23 2010 TEL: 034 21 82534/5 FAX: 034 21 82536 nncourier.blogspot.com dundee.courier@caxton...

FAREWELL pg 14 — Military guard for DHS

CONTROVERSY pg 3 — Glencoe residents in a froth over coal loading

FAREWELL pg 18 — Uplifting at Sarel Cilliers

DEVASTATION

■*Animals left stricken after ravaging fire*

An appeal has been made for hay bales following a devastating fire that ravaged Kameelkop near Wasbank.

Grazing was lost in the fire, leaving the animals stricken.

The KZN Agriculture, Environmental Affairs and Rural Development Department is involved and assisting the KZN Hunter's Association who make use of the property.

One chalet was also lost in the fire.

The incident has been reported to the National Disaster Office who referred it to the Provincial Disaster Office for action.

"In the meantime, local farmers and members of our Association are assisting with providing food for the stricken animals," said Siegfried Kühn, Executive Officer KZN Hunting and Conservation Association.

It is not clear how the fire started but arson has not been ruled out. The property is owned by the Boschoek Trust on behalf of the community.

They are looking for someone who is retired and has the time to spend acting in the capacity as a foreman/overseeing the building operation/ensuring the transfer of kills, for the duration of the building process. In return they will offer free accommodation. Ideally it will suit someone who does not depend on a monthly salary. Building materials will be sourced in and around the reserve. For more information contact Siggi at the offices on 031-709 3904 or email siggi@kzn-hunters.co.za

Apêndice 3

Lançamento do Bhambatha Lodge no jornal local Greytown Gazette, 3 de junho de 2009

BHAMBATHA LODGE LAUNCHED

BHAMBATHA Lodge at Ngome was recently launched by Minister of Economic Development and Tourism, Mike Mabuyakhulu, accompanied by MEC for Arts,Culture,Sports and Recreation Mrs Weziwe Thusi.This state of the art Lodge comprises eleven chalets and a fifty seater conference hall. Due to the fact that negotiations with the possible funders for furniture and equipment are still ongoing it is not yet operational.

Chairman of the Ngome Community Land Trust Mr Michael Latha thanked the various Government departments which had contributed to the realisation of this project.

Mr Mabuyakhulu promised the Ngome community that the Government will help them by mentoring their self-help initiatives and through the promotion of the arts and crafts. Mrs Thusi who has been the driving force behind this project was very excited by what she saw as a finished product.

A delegation from Bhambatha Lodge and representative of the Ngome Community Land Trust also attended the 11th African Renaissance Conference at the ICC in Durban last weekend.

Various dignitaries from throughout Southern African, the United States and the Diaspora deliberated on various topics under the theme "Uniting the African World". The delegation networked extensively and put the Bhambatha Lodge project and Greytown in particular on the international map.

The Inkosi Bhambatha Zondi statue has been approved by the National Department of Arts and Culture in conjunction with the KZN Premier's office. The Zondi Royal family has been approached to identify the most appropriate site for this landmark. If all goes according to plan it will be unveiled later this year or early next year.

Apêndice 4

Certificado do Património Natural da África do Sul

SOUTH AFRICAN NATURAL HERITAGE PROGRAMME

It is hereby recognised that

Boschhoek Training Centre

Site No *112* of the

South African Natural Heritage Programme, owned by

South African National Defense Force

has been registered for

10 YEARS.

Your continued participation and support is highly appreciated.

M V Moosa
Minister of Environmental Affairs and Tourism

4/5/00
Date

WWF

Department of Environmental Affairs and Tourism

Schneider Electric

MIX
Papier aus verantwortungsvollen Quellen
Paper from responsible sources
FSC® C105338

Printed by Books on Demand GmbH, Norderstedt / Germany